不要在该努力的
时候选择放弃

亦以歌　著

中国书籍出版社
China Book Press

图书在版编目（CIP）数据

不要在该努力的时候选择放弃 / 亦以歌著 . –– 北京：
中国书籍出版社 , 2019.6 （2023.1重印）
　ISBN 978–7–5068–7293–5

　Ⅰ.①不… Ⅱ.①亦… Ⅲ.①成功心理—通俗读物
Ⅳ.① B848.4–49

　中国版本图书馆 CIP 数据核字（2019）第 090494 号

不要在该努力的时候选择放弃

亦以歌　著

策划编辑	朱　琳
责任编辑	朱　琳
责任印制	孙马飞　马　芝
封面设计	末末美书
出版发行	中国书籍出版社
地　　址	北京市丰台区三路居路 97 号（邮编：100073）
电　　话	（010）52257143（总编室）　（010）52257140（发行部）
电子邮箱	eo@chinabp.com.cn
经　　销	全国新华书店
印　　刷	三河市嵩川印刷有限公司
开　　本	880 毫米 × 1230 毫米　1/32
字　　数	175 千字
印　　张	8
版　　次	2019 年 6 月第 1 版　2023 年 1 月第 2 次印刷
书　　号	ISBN 978–7–5068–7293–5
定　　价	39.80 元

推荐

◎资深媒体人 知名评论人

袁国宝

以歌是我见过的在西安创业和做新媒体、在同样的年龄段、最拼的一位姑娘，不论是她的努力还是拼搏的精神都值得80、90后们学习，祝她距离自己的理想越来越近，也祝她在创业道路上一路顺风顺水。

◎千万用户新媒体公司 CEO

Kyle

以歌的文字有一种力量，既坚定诚恳，又温暖阳光。她把这些年来的经历都写在书中。这些文字见证了她对成长的反思和对未来坚定的信心。道阻且长、初心不忘，所有的努力与坚持都会在未来看见回报，所有的过往都有价值，所有的经历都是财富，我们所走过的路终会把我们带向所期望的终点。这承载多年心路历程的文字，值得大家一读。

◎知名广告人

乔金花

以歌是小乔创业路上遇到的第一个好友，身为女性创业者，她干练有耐力，谦卑有亲和力，经常在她朋友圈中看到她一个星期去几个不同的城市，她在不断自我批评，用文字和身体力行来记录女性创业者自我疗愈这一越来越美好的过程。

◎著名知识工作者

陈海军

以歌在我心中一直是一位温暖、有正能量的女神，她一直在感染身边的人。相信和她在一起可以变得更好。在这个时代，不放弃的精神很珍贵，正如以歌这本书的名字，它代表的是新一代年轻人的一种奋斗态度。

◎社群达人

晴格格

记忆中的以歌一直是一个外表刚强、内心十分柔软的女孩子。从她的文字里，也能感受几分。一方面是对生活的不屈不挠，另一方面是她为命运抗争的小柔情也显露得淋漓尽致。每一个女生，都值得成为更好的自己，而你，也不例外。

序 言

所谓不放弃，就是在绝望的尽头，再努力一把

在我毕业的两三年之后，身边的朋友、同事、同学等突然掀起了一股"返乡潮"，纷纷打起背包离开了大城市。有人觉得生活太苦，不堪重负；有人觉得前途渺茫，看不到光亮。总之，与其用青春赌一个遥远的未知，不如回家寻求出路，看上去更为稳妥。

一晃又过去好几年，大家都在自己选择的道路上渐行渐远，时间的力量渐渐显现出来，当初的选择像一粒种子，逐渐长成各自生活的模样。回家乡参加了几次老友聚会，每次都有人问我："在外打拼多年，到底有什么秘诀让你能比同龄人走得更远一点，更快几步？"

在城市里生活、工作这几年，从一开始艰难地安身立命到今天小有所成，真的没有任何秘诀，如果非要说一个，我觉得

不要在该努力的时候选择放弃

只有两个字：坚持。

对于年轻人来说，在大城市打拼确实步履维艰。密密麻麻的高楼大厦都是别人的家，灯红酒绿、霓虹变幻的夜景衬托得自己的背影愈发孤独、渺小。

一路走来，有过太多太多的关口，很多时候都觉得自己真的快要坚持不下去了。当面试了一个月，也没有找到一份理想的工作的时候，我觉得自己坚持不下去了；当好不容易寻觅到一份合适的工作，却发现自己的能力不能胜任的时候，绝望弥漫在心头，我觉得自己坚持不下去了；当第一次创业失败，几个合伙人散伙，只有我自己坐在空荡荡的办公室里的时候，我觉得自己坚持不下去了；当第二次鼓起勇气再创业，努力了半年却没有任何业绩的时候，我觉得自己坚持不下去了……

痛苦的时候，我也曾经想过退路：是去考研，还是考公务员？

在一个人的夜晚想了好久，我终于想通了一个问题：如果现在遇到困难选择放弃，那么下次在考研或者考公务员的时候，一样会遇到困难，到那时是坚持还是放弃？

我们听一些成功人士的故事，总会发现有一些类似的桥段：在他们人生的至暗时刻，马上就要走不下去的时候，似乎突然有一根"金手指"加持，要么是高人相助，要么是好运降临，要么是峰回路转，总之从此开挂，很像好莱坞电影的情节。

　　这样的故事充满了传奇色彩，让我们无比艳羡。其实，没有付出就不会有收获，这是一个亘古不变的真理。天下没有无缘无故的好运，机会永远属于努力的人。那根命运的"金手指"，其实是他们在苦苦坚持的过程中，由量变引发的质变。可以说，坚持是成功的必经之路。

　　世上所有的成功，必将经历时间的考验，经受失败的摧残。说到坚持，绝不是一句励志的口号那么简单，它背后是寂寞，是痛苦，是泪水，甚至是脚踏荆棘踩出的一条血路。"坚持"这两个字，需要信念做支撑，需要初心做指引，需要自律做保障。一个能坚持到底的人，必然是一个心中有规划、做事有方法，意志坚强、内心强大的人。

　　有一位年长的企业家曾经对我说："如果我现在是你的年纪，我什么都不怕。年轻就意味着无畏，有什么可怕的呢？刀山火海都敢迎头上，大不了从头再来！"

　　作为年轻人，我们拥有的最大资本就是时间。我们还有时间去努力，还有资格去试错，为什么不能用勇气和毅力为自己赢一个美好的未来？

　　说到怕，生活中真的有很多看上去很可怕的东西。有人怕风险，有人怕吃苦，有人怕失败，有人怕丢脸……每一次畏缩，困难就会变成一座大山，横亘在你面前，成为你永远也翻越不过去的障碍。你的一生，也永远只能在山的这一边，活成一个狭窄逼仄的局面。

人生就是一个遇山爬山、遇水涉水的过程，无论我们找多少个借口开慰自己，或者把自己包装得多么"佛系"，也永远摆脱不了一个残酷的事实——逃避和放弃，只能让自己陷入愈来愈难的连环套中。今天破解不了的难题，明天会变成更大的难题摆在我们面前。看见困难就绕行，人生终将变成一条漫长的弯路。

趁我们还年轻，该吃苦就吃苦，该努力的时候绝对不能放弃。"行百里者半九十"，在最该努力的时候放弃，只会让自己在将来陷入深深的懊悔之中。与其未来被无尽的悔意折磨，还不如现在放开手脚拼一把。

有人说，所谓成功就是在失败的尽头再坚持一下。我觉得，所谓坚持就是在绝望的尽头再努力一把。年轻人的不努力，是一种愚昧。年轻人的放弃，连上帝都会感到惋惜。人生只有一次，青春更是宝贵，让我们在奋斗中度过每一天，为青春添上炫目的光彩，为自己拼出一个值得点赞的人生。

目　录

1

第 1 章

今天有多自律，未来就有多自由

奋斗是我们一生的成长命题

很多年前，当时我正在上高三，有一天晚自习时突然停电了，教室里顿时像发生化学反应一样，一下子从安静变得沸腾起来。不一会儿，老师来了，说学校的供电设备出现故障，晚自习暂时上不了了。霎时整个教学楼里欢呼声连成一片，同学们觉得当下那一刻实在是太幸福了。

大家纷纷从书山题海中抬起头，借着手机的光亮，畅想高考以后的生活：有人说要学尤克里里，有人说想狠狠地谈场恋爱，有人说一定要把假期都交给旅行……

在那样的年纪和学习压力下，同学们都被地狱式的高中生活折磨苦了，一心想着放飞自我，没人信誓旦旦地说要继续苦学四年，为进入职场打基础。在十几岁的少年心里，大部分人想的都是高考之后，一切暂时告一段落，我们不妨先享受一下人生再说。

　　我当时是那么说的，后来也是那么做的。

　　刚上大学的时候，我因为不太喜欢自己的专业，整个大一学年基本上都是在游荡中度过的：今天参加这个社团，明天出席那个活动，后天在宿舍里通宵打游戏，逃课更是家常便饭……每天沉浸在这种所谓"幸福又快乐"的时光当中。

　　这样混沌度日的结果是大一期末考试成绩一出来，我彻底傻眼了：一共六门功课，我居然挂了五门。别的同学好歹还能"60 分万岁"，而我只能看着自己挂满"红灯"的成绩单一脸愁容。与此同时，当我带着这样的"辉煌战绩"回老家参加高中同学聚会时，突然发现，之前那些高中成绩本不如我的同学，已经在过去的一年里将我甩得远远的。这种差距，不是物质生活的差距，而是在我身上已经看不到他们正努力奋斗的那股冲劲。看着同学们一个个眉飞色舞地讲述着自己在大学里学到的专业知识，我一句话也插不上嘴，只能躲在一旁刷微博，显得落寞又不合群。

　　就在我坐在一旁无所事事的时候，偶然间听到，曾经在班里调皮捣蛋、惹得老师提起他就头疼的一位男生，竟然在上高中时就对编程非常热衷，所以高考后毅然决然地报考了计算机专业。虽然他最终上的并不是什么名牌大学，但自从入学以后，他就开始利用业余时间自学各种代码，并通过所学的知识，慢慢进行自主开发。作为"学生党"，他已经可以用自己赚到的钱养活自己了。除了自学编程的男同学之外，还有一位同学更厉害，这位同学的英语原本差得要命，但是为了能跟自己的女朋友上同一所大学，他选择了自己并不擅长的英语专业，然后用一年的时间潜心追赶，很快成绩名列前茅。

听完别人的故事，再回头看看自己一年来的大学生活，我不禁汗颜不已。虽然表面上的说辞——之所以不努力是因为专业不可心，可我自己心里非常清楚，追根究底是没有经受住放纵的诱惑，高中时那股奋发向上的冲劲，已经被吃喝玩乐的时光消磨殆尽。

我终于明白，原来人家只是在朋友圈里假装"佛系"，背后却憋着一股劲在天天向上呢。而我，已经落后了。

无论高考也罢、考研也罢，还是取得阶段性成就也罢，都只是下一段路程的起点，而不是人生奋斗的终点。更何况人生犹如逆水行舟，不进则退，如果一个人自以为跨过哪道坎就可以一劳永逸，那等待他的最终结果很有可能是出局。

说到这儿，很多人会说：人活在世上，为什么要奋斗？

在线下活动上，经常会有一些大学生向我提出这样的问题。的确，平淡的生活没什么不好，但如果现在怕吃苦就不去奋斗，万一日后过够了这样的日子再想往上冲，怕就没那么容易了。

道理不是靠耳提面命地灌输给对方就能获得认可，所以我只能告诉他们："现在你不累，以后会更累。"

奋斗，并不是说一定得出任总裁，过上世俗意义上所谓的"成功"生活，才算奋斗；奋斗是让我们觉得此生无憾，可以在若干年后，拍着自己的胸脯说："我努力过！我尽力了！"

也有人信心满满地对我说："那好，我明天就奋斗。"我依然会正色地告诉他们："奋斗是不分时间的，我们终其一生都在奋斗。"如果总是等待明天，早晚会感受到岁月的无情。

当然，成长是有进度条的，人生观也是逐渐形成的，我们不能要求每个人一开始就能在自我认知方面达到一定的高度。

不仅仅是在大学校园里，社会中像我这样曾经走过弯路的人比比皆是。他们整天不是抱怨自己没有选择一个好专业，就是抱怨自己没有一份好工作，或是抱怨自己没有一个好出身。他们没有意识到，这世上并没有所谓的"好专业"，只有选择一个专业并为之努力的人；没有所谓的"好工作"，只有不断学习继而获得高薪的人。

我们并不否认确实有人生下来就含着金钥匙，他们好像不费什么劲就可以过上很好的生活。但是世间更多的人都是出自草根之家，他们唯有通过努力和奋斗才能改变命运，让自己的人生闪闪发光。

那些觉得自己命运不济的人，你的脑海中可曾萌发过跟命运斗一斗的想法？当你沉迷游戏，甚至通宵"奋战"的时候，是否有过一丁点儿的不安，觉得那样完全是在虚度光阴呢？其实你的人生本可以过得很精彩、很充实，只是因为你的不努力、不作为，而变成了"早知道我就选择那个专业就好了""早知道我当初就努力一点""早知道我就勤快一点了"等诸多借口。

在大学这个所谓的"象牙塔"里，有太多的人改变了命运，但改变命运的真的是大学吗？

No！

改变命运的，是一个人在大学时光里的"奋斗"。

那些在大学时期虚度光阴、整天靠打游戏混日子的同学，且不说日后会有什么样的成就，就是知识的积累，相较于其他同学而言，也已经落后了很多。两军交战讲究先发制人，奋斗也一样，只有比别人更早、更努力，才能更早尝到成功的滋味。

如今的我早已大学毕业多年，可是每当想起自己的大学生涯，总有一种说不出的滋味，或许这就是遗憾吧。幸运的是，我领悟得不算太晚，而大学也只是人生的一个重要转折点，并不是人生的终点。所以，一切都还来得及调整。

进入职场之后，我越发觉得人只要愿意奋斗，就一定能改变自己的命运。努力工作的人，总会得到回报；善于交际的人，总会交到朋友；懂得学习的人，总能越走越远。

不要总是等明天再说，等明年再说。殊不知，明日复明日，明日何其多。有些机会转瞬即逝，有些人一转身就再也寻不见。

明知道继续荒唐下去不行，却还是只顾着贪图眼前的安逸，不愿意通过自己的努力去改变现状，那等待你的，只有凄凄惨惨、悲悲切切。

心中有梦，就要趁年轻时努力实现。

难道真要等到我们年迈之际，发现自己一事无成、无所作为才悔恨不已？与其等到那时再幡然醒悟，觉得自己弄丢了梦想，何不现在积极进取，为实现真实的自我而奋斗呢？

其实人生就像一场漫长的马拉松比赛，有人累得中途放弃，也有人咬牙坚持一路奔跑到底。奋斗从来就不关乎一个人的年龄大小、财富多少，而是一辈子的事。

让我们从今天开始、从此刻开始，在最该吃苦的年纪，尽最大努力去奋斗吧！只有这样，我们才能在不远的将来拥有更多的选择；只有这样，我们才能成为一个真正不枉此生的人。

自律是一种用不完的后劲

美国篮球巨星科比宣告退役后，在回答记者自己何以如此成功这个问题时，以一句"你知道洛杉矶凌晨四点钟是什么样子吗"的反问，刺痛了无数球迷的心。

凌晨四点钟？在那个时间段，大部分人应该还在呼呼大睡，做着各种美梦。而此时的科比在干什么呢？训练，而且是周而复始的训练。

科比说："究竟怎么样，我也不太清楚。但这没有关系，你说是吗？每天凌晨的四点钟，我就孤身一人前往洛杉矶的街道跑步。一天过去了，黑暗没有丝毫改变；两天过去了，黑暗依然没有改变。十多年过去了，洛杉矶凌晨四点钟的黑暗还是老样子，但我却拥有了健壮的身体、强健的体魄，以及超高的篮球命中率和运动神经。而且已经养成习惯的我，越发离不开这种训练。其实在最初的时候，坚持早起是一件非常困难的事。可是慢慢的我发现，当我早起独自一人完成运球、带球、射篮以及扣篮等一系列动作时，每隔一段时间，我就会有所突破。于是我给自己定下了一个个目标，比如这个月练习了多少个投篮，下个月一定要比上个月的投篮量更多才行。后来，早起成了我生活中的一部分。我每天都会在那个时间点起床，就好像有股劲儿在推动着我一路前行，并越走越远。"

皇天不负有心人，科比凭着持之以恒的自律精神，在篮球职业生涯中获得了很多荣誉，成为无数篮球爱好者心中的偶像。

现在很多年轻人，整日只想着享受舒适的生活，别说训练自己某方面的技能了，就连最基本的早起都做不到。他们明明知道很多道理，却从来不去执行，只是在懊悔中继续浑浑噩噩地度日。他们担心自己坚持不下来，就连尝试也不愿意尝试。殊不知自律也是一种享受，一种高于物质的精神享受。

或许有人会说："名人之所以是名人，就是因为他们牛啊！他们能够做到自律，或是坚持自律都是很正常的。"

此言差矣！

没有人一开始就心甘情愿地去做自己不想做或做不好的事，生活中随处可见做事半途而废的人。有人之所以能够成功，并不是因为他们天赋异禀，而是他们凭借自律获得了无穷的动力。

一个人一旦自律起来，并将之养成一种习惯，那他整个人的精神面貌都会有所不同。

　　我的朋友小七之前给我的印象就是一个无所事事、混吃等死的"佛系"青年。可是前不久的一个周末，我和他偶然间见了一次面，看着眼前精神抖擞、口齿伶俐的小伙子，我实在无法将他与去年那个连工作都找不到的"潦倒"青年联想到一起。

　　俗话说，"士别三日，当刮目相待"。通过简短的交谈，我了解到，如今的小七已经通过自媒体成功突围，成为出版界的新秀，拥有数万读者了。

　　说实话，我为他能有今天的成就而高兴，但更对他能坚持日复一日地写作而心生敬佩。

　　或许在有些人眼里，写作不过是一件简单的事，只要是会打字的人，随便都能写点啥。如果只说输出文字，不讲究质量，写作的确算不上什么了不起的大事。可是，如果将写作当成一件事坚持下去，并且持续保证不错的文字质量，最终取得一定的成就，那就相当厉害了。

　　好在小七非常清楚这一点，他知道自己一旦松懈下来，不再继续写作，势必会半途而废，之前的努力也会变成无用功。于是他每天都告诫自己，无论再忙也要看15分钟的书，无论再累也要写上1 000多字的文章，发表到各个自媒体平台上。刚开始，他写的文章几乎没什么阅读量，这对一个自尊心特别强的年轻人来说，打击还是挺大的。慢慢地，他发现只有将文章发布到更多的平台，进一步增加曝光率，才能吸引更多的读者。在研究如何增加曝光率的基础上，他学会了抓热点、痛点，以及各种营销亮点。随着文章越写越好，他不但开始拥有自己的忠实读者，而且人数也越来越多。后来，有出版单位找到他，说可以帮他出书，让更多的读者看到他写的文章。就这样，他写作的动力越来越强，最终在这个全民自媒体时代成功定位了自己，成为一个不用上班就能赚钱的自由撰稿人。

俗话说，"若非一番寒彻骨，哪得梅花扑鼻香"。他能取得如今这样的成就，想必也是经历了别人所没有经历过的痛苦。只是这些痛苦，都被他的自律化解了，成为他坚持写作的一种修行，直至苦尽甘来，他才开始享受自律带来的乐趣。

一个人放弃自律的原因可能不胜枚举，但坚持自律的原因往往只有一个，无论是科比十几年如一日的坚持早起锻炼，还是小七锲而不舍的坚持写作，他们的动力是一样的，都是为了实现自己心中的目标。他们知道，只有自律才有可能带来自己想要的收获，而事实也的确如此。

王小波说："人的一切痛苦，本质上都是对自己无能的愤怒。"有些人之所以一直处于痛苦之中，其根本原因就是没有过上自己想要的生活。而要实现梦想，最好的办法就是自律。自律就像一根弹簧，你压得越低，它弹起来的高度就越高。不要轻易地说出"我不行""明天再说"这种话，更不能遭遇一点点挫折，就选择放弃。因为你一旦放弃，不但要承受放弃所带来的挫败感，而且还要承受目标未达成的遗憾。坚持，可能会痛苦一阵子；但是放弃，将会痛苦一辈子。

所以，让生活自律起来吧！

你会发现，伴随着自律而前行的人生，终将大放光彩。

所有的自律清单，都应该是私人定制

我的同事大明一直非常羡慕那些超级自律的人，为此他搜集了许多成功人士的自律方法，将之打印出来，贴在墙上，并学样照做，希望有朝一日自己也能成为那样的人。然而，随着时间的推移，大明的兴致从刚开始的兴致勃勃逐渐演变成丧失激情，到最后直接选择放弃。显而易见，他没有毅力是一部分原因，但更重要的原因恐怕是那些成功人士的自律方法根本就不适合他。

如果大明本身不是早起型人，只要早起就一天都晕晕乎乎的、精力不集中，而在晚上却效率奇高，灵感迸发，那就不要勉强自己早起。如果大明从来都没有健身的习惯，突然给自己定下每天跑步十公里的目标，不但会给他带来深深的挫败感，还会损伤他的身体，无半点好处。

不仅仅是大明，不适合自己的习惯，想必没人能坚持下去。

很多人将养成自律习惯的希望寄托在互联网上，他们通过强大的搜索引擎，搜寻各种牛人的自律方法，希望通过这些方法，使自己也成为一个自律的人。虽然他们的初衷是好的，但是因为没有找到适合自己的方法，结局往往不尽如人意。所以，在这里劝告大家一句：千万不要盲目地自律。

在制定自律计划之前，一定要弄清楚自己到底适合什么，不适合什么。如果只是一味执行别人的自律计划，根本没考虑自身情况，很可能会白费半天劲，最终一点儿效果也没有。

能做到早睡早起、每天跑步的人，当然是自律的人，但是做不到这些，也未必就是不自律的人。如果你能做到每天花三个小时全心全意地处理最重要的事，那你就是自律的；如果你能做到健康饮食，没有不良嗜好，那你也是自律的；如果你能做到每天阅读 20 页书，并坚持下去，同样也是自律的……

每个人都是不同的个体，精力状态、身体素质、工作学习的节奏等均有所不同，因此所有的自律清单、自律任务，都应该是私人定制的。

适合别人的不一定适合你，你要做的就是摸索一套适合自己的方法。只有在了解自己的前提下，为自己量身定制自律计划，才是最有效、最容易执行的计划。

当然，人都有惰性，自律实在不是一件容易的事情。所以，当我们决定做一个自律的人的时候，千万别为了给自己贴上一个"自律"的闪亮标签，而掉进"为了自律而自律"的陷阱。同时，刚开始制定自律计划时，不能过于严苛，更不能刻意给自律增加难度，要给自己稍微留一点儿松弛的空间。

革命先烈李大钊在教育子女时说道："做什么事情都不能三心二意，要学就学个踏实，要玩就玩个痛快。"自律并不等于吃苦，贪玩也并不意味着不自律，关键在于如何规划好时间，如何将时间合理分配。当我们坚持做某件事，并完成某阶段任务时，适当放松一下，给自己一个小小的奖励，也无可厚非。哪怕只是看一场电影或是吃一顿美食，都会让你觉得坚持有了回报，自律的过程也会变得没那么艰辛，也更容易坚持下来。

另外，制定目标时切忌一次性定得过于长远，以免给自己太大压力。我们不妨将大目标分解成一个个小目标，然后分阶段实现，这样更有助于增强自己的信心，也更有助于自律的养成。

别考验自己，抵制诱惑不如远离诱惑

深圳一家知名的金融公司为了拓展业务范围，广纳贤良。经过严格的笔试、面试，人力资源主管凭借多年的工作经验，留下三位表现不错的青年交给公司总裁挑选。

为了更快、更准确地确认谁更适合留在公司，总裁出了这样一道测试题："在一座高山的峭壁上堆放着数不尽的珠宝，你们只有开着汽车才能将这些财富带走，可是峭壁又处于悬崖边上，一不小心就可能车毁人亡。请问，你距离悬崖多远才能保证自己绝对安全？"

面对这个问题，第一位青年回答说："我觉得应该离五米。"总裁听完点了点头，又将目光移向第二位青年。

第二位青年思考片刻，回答说："差不多两米就可以拿到珠宝了。"

　　轮到第三位青年回答时，他说："我觉得应该距离它们越远越好，只有不靠近这些珠宝，才能保证自己绝对安全。"

　　听到这里，其他两位青年不约而同笑了起来，并异口同声地向他问道："那么多珠宝，你就不要了？"

　　可是没等第三位青年反驳，发出提问的总裁就站了起来，并向他伸出右手，恭贺道："恭喜你，你被录用了。"

　　看到这里，你是不是非常好奇第三位青年何以会被录用呢？这个问题同样困扰着其他两位青年，他们就问总裁："如果将珠宝比作公司的利润，明明我们的答案更靠近利润，但却没有被录用，怎么这位的答案完全远离公司的利润，反而被录用了呢？"

　　总裁回答道："说实话，三位的专业知识以及行业经验都深得我心，但是做事之前首先要考虑的并不是利润，而是风险。你们只看到了所谓的'利润'，却忽略了悬崖边的峭壁。你们觉得，公司能够聘用一个只考虑利润而不顾风险的员工吗？"

　　听完总裁的话，没有被录用的两位青年都羞愧地低下了头。接着，总裁又说："尽管你们为了拿到这些珠宝，给自己预留了一定的'安全'距离，但是我想告诉你们的是，一个真正成功的人，并不是懂得如何抵制诱惑，而是懂得如何远离诱惑。"

　　这位总裁说得非常有道理，人们总认为自己绝不会犯那些所谓的"低级错误",认为自己能够控制欲望,抵挡住诱惑。可事实上,无数走上犯罪道路的人,都是从抵制不了诱惑开始的。最初他们都是抱着试一试的心态,觉得自己到最后关头一定可以守住底线。殊不知底线一步步被降低,直至没有底线,彻底沉沦。所以,与其让自己深陷诱惑而不能自拔,不如从一开始就勇敢地远离诱惑,对诱惑大胆地说"不"。

说到这里,让我不由得想起苏格兰作家休·米勒的经历。休·米勒自幼家境贫寒,只能在公益性质的教会学校读书。可是,他并没有因为自己低贱的出身而自暴自弃,而是从 17 岁那年在一家采石场担任石匠时开始,就一边工作一边研究地质。工作乏累的时候,他也会和同事们一起出去喝几杯,排遣下一天的疲劳。有一天,当他喝完酒回到家,随手拿起放置在书架上不知何时买来的书时,书上的文字就像带有魔力一般在他面前闪闪发光,让他感触颇深。随后,他开始尝试写作,并努力摆脱之前和工友们一起喝酒的混沌生活。最终,他创作出《我的学校和校长》,该书不但畅销全球,而且还让他由此成为一名伟大的作家。

在成名后的一次采访中,他对记者说道:"曾经的我,就像生活在地狱一般。尽管我也曾一次次地告诫自己:不要喝酒,不要喝酒,哪怕是去了酒吧也不要喝。但是只要工友们一邀请我,我就立马前往,最终我一次次打破自己的底线,时常与酒精为伍。直到有一天，我无意中看到《培根散文集》，书中提到：'不要过于相信自己的意志力，人总是容易选择堕落。要想真正远离堕落，就应该从一开始就扼杀堕落的源头。'这句话让我深有感触，于是我开始戒酒，开始拒绝懒散的生活，开始创作，这才有了今天的我。"

休·米勒说得再真实不过了。俗话说，"常在河边走，哪有不湿鞋"。如果一个人口口声声说要抵制诱惑，却总让自己处于诱惑之中，又怎么可能保证自己永远不会掉进诱惑的陷阱呢？

诱惑，往大了说，有名利的诱惑；往小了说，有美食、游戏的诱惑。一个不善于律己的人，时时刻刻都有可能被诱惑所擒，它们戴着光彩炫目的魔环面具，尽情施展着自己的妖媚，吸引着人们情不自禁地向它们靠近、靠近、再靠近，从而变得越来越颓废。

常言道："成功的人不找借口，失败的人却诸多理由。"自律的人常常日复一日地坚持去做好某件事，面对诱惑绝不妥协。而现实中很多人面对生活中的诸多诱惑不是没有明确的拒绝态度，就是听之任之，非得等到岁月蹉跎、伤害造成之后才痛哭、忏悔。然后好了伤疤忘了疼，下次直面诱惑，依旧泥足深陷，久而久之，便形成恶性循环，最后只能承认自己的失败。

因此，要做到自律，从一开始就要坚守自己的底线，千万不要考验自己的意志。比如你想减肥，可如果闺蜜一喊你去美食店，你就欣然随之前往，你能保证自己绝不吃一口吗？一次可以，两次可以，三次、四次、五次呢？你能在减肥成功之前，看着香甜可口的美食，不垂涎欲滴吗？依靠扼制食欲来减肥的人都知道，减到一定程度之后，你只要开口吃饭，就会渐渐地想吃更多的饭，继而一发不可收拾，造成反弹，不但好不容易减掉的几斤肉会重新回到身上，而且还有可能在原来的基础上又重几斤。

换言之，如果你想减肥，最好不去美食城、不去烧烤店、不买零食、不喝饮料等，从根源上远离诱惑，以此断绝自己想要暴饮暴食的念想。同样，如果你想潜心写作，尽量给自己创造一个安静的环境，千万不要没事找事地让自己在嘈杂的环境中练习专注力。

有些人总习惯于把自己的失误归结于外界原因，比如"都怪你带我打游戏，害得我学习成绩不好""都怪你带我打牌，害得我输了那么多钱""都怪那天下雨，不然我怎么可能迟到呢"等。面对原本靠自律就可以改变结果的事，他们不去反思自身的问题，反而一味去责怪别人，试想这样的人怎么可能成功呢？

进一步说，就算有些诱惑是他人引导的或是不可抗力的自然因素造成的，可真正心智成熟的人在面临诱惑时，必然能分得清优、劣，做到远离不良诱惑。反之，如果你心智不成熟，又狂妄自大，以为自己绝不会被诱惑所左右，那结果很可能是被不良诱惑拉下水，从而泥足深陷，一生碌碌无为。

所以，千万不要试图通过靠近诱惑来考验自己的意志力，而是从一开始就远离诱惑，保持一颗完整的初心。

一个好习惯的养成，需要长期的刻意训练

　　小丫是一个相貌普通的女孩子，身材还略微有点胖，但她却有一颗成为"女神"的心。每当在网络视频里看到那些要模样有模样、要身材有身材的漂亮女孩时，她总是信誓旦旦地说："我要减肥！我要健身！我也要拥有完美的身材！"

　　可是减肥哪有那么容易。减肥前每天想吃什么就吃什么，现在却只能吃蔬菜和低脂食物；减肥前每天空闲的时候可以躺在床上追剧或是玩手机，现在却要到健身房锻炼；减肥前每天睡到自然醒，现在却要早起去跑步。就这样，还没坚持几天，小丫心里就开始犯嘀咕："这都坚持好几天了，怎么体重还是下不去呢？要不还是算了吧，真正喜欢我的人是不会嫌弃我的外表的。"俗话说，"一口吃不成胖子"。小丫现在的身材不是一天形成的，要想瘦下来成为女神，自然也不可能一下就做到。

　　自律就像万里长征，需要一步步地来，不能操之过急。只有坚持一段时间，才有可能朝目标一点点靠近。同样的，只有当你逐渐完成自己的阶段性目标后，才有进一步坚持下去的动力。而那些经过时间的考验而养成的自律习惯，都将成为你独一无二的财富。

　　一位电商企业家曾说过这样一句话："今天你对我爱搭不理，明天我让你高攀不起。"一时间，很多年轻人都将此奉为经典名句，纷纷效仿这种做法。当时我也凑了一回热闹，在互联网上发表了一篇文章，核心观点是考虑问题不能浮于表面，不能只看别人眼前的成功，而忽略了别人背后坚持了十五年的自律精神。

　　这个世界上哪有一蹴而就的成功，如果你连基本的自律都做不到，就妄想一夜成名、一夜暴富，岂不是天方夜谭？

　　生活中我们经常会听到这样的言论："做事不要太较真，放松一点儿，对彼此都好。太较真了，就显得矫情，也会让人觉得你太难搞，造成人际关系紧张不说，很多事还会越来越难办。"这种被生活实践验证过的说法当然有它的道理，但如果事事都顺其自然，就很容易随波逐流。而要养成一个良好的习惯，是一定要刻意为之，时刻监督自己不可松懈。

　　谁都希望拥有好习惯，谁都知道好习惯能给我们带来诸多益处，比如坚持锻炼身体会远离病痛的折磨；坚持撰写文章会练就优秀的文笔；坚持与人交流会拥有高明的口才。可是道理人人都懂，具体怎么做却未必都知道得一清二楚。

就拿如何养成一个良好的习惯来说，都需要哪些步骤呢？

首先，我们要知道什么是"习惯"。根据《现代汉语词典》的定义，所谓"习惯"是指在长时期里逐渐养成的、一时不容易改变的行为，倾向或社会风尚。由此可见，养成习惯的第一要素就是时间。

其次，要想养成某种习惯，就必然要去刻意练习某件事。只有真正去做了，才有成为习惯的可能。

最后，既然有心养成某种良好的习惯，就要日积月累地坚持去做。不要怕麻烦，也不要气馁，只要持之以恒地坚持下去，总有一天会看到坚持的硕果。

综上所述，一个好习惯的养成必须具备三要素：大量的时间、刻意的训练、长期的坚持。三者缺一不可。

那么，在知道如何养成好习惯之后，又该如何将好习惯付诸行动到自己身上呢？

第一，每天强制自己刻意去做某件事。比如你想通过每天晨跑来锻炼身体，可你又怕自己起不来，那就定好闹钟。一个不够，就定两个，直到把自己叫起来为止。或许你会说："万一我定了八个、十个还是起不来呢？"那只能说，你根本不想起来跑步。曾经的我也是怎么都无法早起，直到有一次我下狠心对自己发了一个"毒誓"：如果我当天起不来，就让我变成一个体重超过 200 斤的大胖子！为了不让自己的"毒誓"应验，我前一天晚上定了 12 个闹钟，从卧室一直摆到门口，稀稀拉拉地摆了一地。第二天早上，前几个闹钟响的时候，我也想假装没听见，但第 12 个闹钟响起的一刹那，我还是挣扎着从被窝里爬了起来。

第二，找寻一些志同道合的人。众所周知，当我们长期独自做某件事时，很容易会因为过于枯燥而坚持不下去。这时候如果有一群志同道合的朋友和我们一起去做，坚持就会变得容易许多。就像健身，一个人独自跑十天半个月可能就会气馁，想放弃，可如果有一群人和你一起跑，那种群体效应就会在无形中给你力量，让你不由自主地想要坚持下去。

第三，拒绝懒散，拔掉懒筋。没有人不喜欢享受，也没有人天生就是勤劳的蜜蜂。谁都想偷懒，谁都想不付出或是付出一点辛苦就收获很大的成功。可是，一旦你真的懒下来，那谁也救不了你。正所谓"你永远叫不醒一个装睡的人"，一个人若是打心眼里就不想醒来，那你是怎么叫都是没用的。而且懒散的人也很容易放弃，导致半途而废。所以，当我们想犯懒的时候，不妨在心里告诫自己："不能放弃！不能停止！我可以做到，并且可以做得更好！"如此一来，只要再坚持一下下，说不定就成功了。

　　第四，成功并不遥远，刻意逼自己一把的人都成功了。在我刚毕业那会儿，我的堂姐曾经告诉过我这样一句话："你一定要记住：简单的事情重复做，复杂的事情坚持做，只有这样你才能成为一个真正成功的人。"于是，毕业之后的几年，我不停地写代码、做营销，积累资源。虽然途中遇到许多挫折，但幸运的是，我都坚持了下来。如今的我尽管并没有取得巨大的成就，但是却改变了自己的命运。

　　因此，只要你按照我所说的去做、去执行，在不久的将来，你必然可以成为一个优秀且小有成就的人。

　　我曾经看过美国著名心理学家安德斯·艾利克森写的《刻意练习：如何从新手到大师》一书，里面用一个经典案例阐述了杰出者与优秀者之间的本质区别：相同的一组练习，杰出者所做的训练是优秀者的两倍之多。放眼我们周围很多人，别说"杰出"了，就连能做到"优秀"的都乏善可陈。究其原因，除了一些客观条件确实不具备，更多的还是没有经过长期且刻意的训练、未养成一个良好的习惯造成的。

　　若想养成一个好习惯，除了刻意练习，真的没有其他捷径。如果你读过一些名人传记或是对某些成功人士有所了解，就会发现，他们大多数与普通人相比并无过人之处，只是善于通过自己的努力，长期扎根于某个行业或是善于钻研某项技能，最终成为专业人士，从而获得成功。

　　而且，只要你心怀梦想，不轻言放弃，长期的刻意练习也没有我们想象得那么难。当然，在追梦的过程中难免遭受挫折、经历磨难，可只要咬紧牙关，坚持到底，终将有所收获。

　　所以，放下手中的游戏，远离日常的慵懒时光，当你把时间用在学习、工作、健身上时，你会活得比现在精彩数万倍。

成功的关键不是做得有多完美，
而是能够坚持多久

　　在如今这个风起云涌的互联网时代，对一些没有显赫背景或是渊博学识的人来说，"成功"也并不是遥不可及的事了。比如，前有90后创业者掀起的"全民创业"浪潮，后有微博、微信公众号等社交平台迸发的全民自媒体时代，紧接着又是小视频到处泛滥的网红时代。

　　从现实的角度来看，每股浪潮都有人脱颖而出，不仅成为业内的佼佼者，而且还收获了大量的粉丝和金钱，看起来无疑是成功的。可是，一阵狂风热潮过后，真正留在人们记忆中的又有多少呢？有些人在茫茫人潮中犹如烟花般瞬间绚烂，又瞬息湮灭。而真正的成功者，绝不是一夕名扬天下，自然也不会没过几天就销声匿迹。

　　或许你觉得自己距离那种真正的成功者太过遥远，自己既没资源也没金钱，根本做不到他们那样的成功。但你不妨看看身边的同龄人，为什么大家一开始的起点都差不多，若干年之后，有人实现了自己人生的大逆转，而有人只能屈服于命运、越过越惨了呢？

　　我经常收到读者发来的私信，说羡慕我有如今的生活，不仅工作自由，不用上下班打卡，而且收入也远高于同龄人，说他也想成为我这样的人却又做不到。诸如此类的抱怨，我隔三岔五总会看到。每当听到这样的吐槽，我总是反问他们："先不说我，就是你们的同学，为什么当初大家在同一所学校、同一间教室，听同样的老师讲课，结果却在几年之后，人生就大不相同了呢？"

　　那些走得更快、更远，将同龄人撇在身后的人，无一不是数十年如一日地坚定目标、不断往前走，才慢慢地收获了时间的复利。

　　"人生是一次长跑，成功的标志不是你考多少分、赚多少钱，而是坚持做好一件事。"说这句话的是我的一个发小，曾经的我们都十分调皮，成绩差得一塌糊涂，两个人都以为自己铁定考不上大学了，可又不知道不上大学自己能干什么，对未来一片茫然。幸运的是，当时恰逢国家教育政策有所改进，很多院校都开放了扩招名额，我和发小均被一所大专院校的计算机系录取了，只是专业上有所区别。

　　最初，我很不喜欢这个专业，上专业课的时候也不用心听老师讲，以至于开学以后很长一段时间我对那些计算机代码都一窍不通。再加上我刚上大学，心智也不成熟，听不懂、弄不会的课不但没想着找老师解答，反而终日往返于网吧和各种社团之间，越发不把专业课当一回事。就这样好不容易熬到毕业，我的专业成绩自然不足以让我找到对口的工作。而发小却不同，三年时光过去了，他不仅不再像高中时那样玩世不恭，反而还以优秀毕业生的好成绩被一家知名电商公司录用。转眼又过去了两年，在和发小聊天时，得知他不但晋升为部门主管，而且还在业余时间坚持学习，准备考研究生。

　　我问他："你已经很成功了，为什么还要这么拼命？"

　　他却反问我："这就是成功吗？我不认为自己成功了，只是我一直在坚持做我应该做的，然后运气不错罢了。"

　　真的是运气使然吗？不！按照他的说法，他只是在室友通宵打游戏的时候，正常写代码而已；他只是在室友逃课打篮球的时候，埋进图书馆翻阅资料、做笔记而已。他并没有搞什么特殊化，只是按部就班地该做什么的时候做什么而已。可是，就是这样看似很普通的大学时光，却在毕业时为他赢来了很多公司的入职邀请函。

　　每个人都曾迷茫过，每个人也都曾彷徨过，甚至还有人经历过常人不曾经历过的伤痛和磨难。只是有人坚持走在自己选择的路上，度过了迷茫期，最终找到了属于自己的位置。这样的人，不会因为一丁点儿的成功就沾沾自喜，他们通过不断地坚持，最终走向更远的地方，走向更高的人生境界。

在大城市拼搏的年轻人，如何活得更好

"毕业之后你就去大城市工作吧，不要再回到我们这座小镇。"在我刚上大学的时候，父亲就对我说了这样一句话。想必很多二十多岁的年轻人都曾听过这句话，都希望能在更大的空间实现自己的梦想，打拼自己的人生。

于是，毕业之后，我当真在大城市里生活了几年。我渐渐发现，相比我们那座小镇而言，大城市可以让我更认清自己，更明白"拼搏"的真正含义。

根据某知名媒体对当下年轻人就业区域的数据报道，大量刚毕业的年轻人都倾向于到北京、上海、广州、深圳等一线城市工作。年轻人选择大城市的目的，无非是希望通过自己的努力改变命运，活出更好的自己。可是，你选择了大城市，大城市就会给你想要的生活吗？显而易见，答案并不确定。虽然大城市各方面的条件与小城镇相比都更优越一点，但是并不是每个在大城市打拼的人都能过上优质的生活。有些年轻人虽然每天在大城市里奔波忙碌，但是依然过着朝不保夕的生活。究其原因，他们不是根本没有明白"拼搏"的真正意义，就是没有发现自己努力的方向根本就不对，白白做了很多无用功。这样的错误，我也曾犯过。还记得我第一次创业时，以为创业就等于赚钱，只要有利润就是创业成功，但是最后却输得一塌糊涂。

那么，作为一个在大城市拼搏的年轻人，到底怎样才能过上优质的生活呢？我有三点建议：

第一，摆脱八小时定律。

"上班八小时，月薪三四千"这是当代社会中大多数群体的生活状态。虽然他们活跃在大城市，但是依旧摆脱不了困窘的生活，原因就是赚来的钱只能维持生存，根本谈不上"享受"生活。可是，有多少人认真想过为什么自己赚不到钱吗？

小李和小王是校友，毕业后两人又幸运地进入了同一家公司实习，都是从基层做起。半年后，小李晋升为小组组长，而小王却被辞退了。看着自己的同窗好友被晋升为组长，自己却被炒了鱿鱼，小王的心中难免愤愤不平，于是他找到公司领导，想要为自己讨个说法。

小王气呼呼地说："我和小李一起进公司，大家都是上着八小时的班，做的工作也一样，为什么小李得到晋升，而我却要走人呢？"面对小王的质问，领导笑了，回答他："你说的没错，你们是同时进来的，而且我早期给你们安排的工作也都一样，但是小李每次在完成任务的基础上，都会做一些辅助方案，以供我参考。而你呢？你还记不记得，你发给我的工作汇报，有多少次我让你重做？还有，小李每天下班都留在公司，不是加班学习就是看资料，而你一下班就溜回宿舍打游戏。换成是你，你选哪一个？"面对领导的反问，小王无言以对，尴尬得满脸通红。领导接着说："我并不是一个刻薄的领导，也不希望员工天天加班，我只是希望你明白，一个人在工作中的成长绝不仅仅限于上班的八小时，只有摆脱这个时间禁锢，他才能走得更远。"领导说完之后，小王的脸更红了。

很多人都觉得只要在上班的八小时把分内的工作做完就万事大吉了，却没想过别人正在你看不见的地方偷偷努力。当然，还有一部分人别说让他在八小时工作时间外去学习了，就是正常的上班时间他都要偷懒耍滑，何谈进步呢？

摆脱八小时定律，是年轻人在大城市打拼需要迈开的第一步。

第二，过上充实的生活。

如今，网络游戏已经成为年轻人生活的一部分，不管你采访哪个正在网吧打游戏的年轻人，问他们"为什么你要打游戏"，得到的答案十有八九都是"因为我无聊，没事做啊""我不知道闲暇时除了打游戏，还能干什么"等诸如此类的说辞。其实并不是他们真的没事做，而是他们不愿意把时间用在学习上。

Peter 是公司刚招来的新主管，每天上班都给人一种信心满满、干劲十足的精神状态。这让我对他充满了好奇，一次偶然的交流，让我对他有了更深的了解。原来在上家公司任职的时候，他是一个"死肥宅"，每天一下班就忙着回出租房打游戏，周末也不出去社交或运动。直到有一天，他突然意识到自己再这样下去整个人生就毁了。于是，他开始思考：为什么天天打游戏一样无聊，我还沉溺其中呢？他告诉自己，不能再这样下去了，必须立刻行动，让自己充实起来。

他给自己制定了各种计划：早起跑步，按时午休，晚上看书、写作，睡前整理当天的工作总结，再写下明天的工作计划……他是这样计划的，也是这样做的。果然，他的生活越来越充实，那些曾经让他痴迷不已的游戏再也没有机会占领他的时间。日子一天天过去，他努力的效果也逐渐显现出来，如今的他不但成功当上了主管，而且还在写作之余认识了很多志同道合的朋友。

人最怕闲着，一闲下来就容易胡思乱想，而胡思乱想难免会造成非常直接的内心矛盾，甚至是抑郁与自闭。比起小镇，大城市本就是一个压力很大的环境，如果不让自己干劲十足，让生活充实起来，又何必来大城市拼搏呢？

第三，合理规划目标。

"你知道大城市最不缺的是什么吗？"这是某次我在线下分享会中抛出的一个问题。当时我给到场的观众说了这样一段话："大城市最不缺的是人才。每座大城市都人才济济，既然大家选择在大城市拼搏，那就应该给自己树立一个积极进取的目标，不断往上攀登，去遇见更好的自己。而怎样才能遇见更好的自己呢？核心就只有两个字：规划。"

如果你 22 岁大学毕业参加工作，你不妨给自己树立一个 25 岁晋升主管层、30 岁进入核心管理层、35 岁开始自主创业的人生目标。当然这是一个相对比较顺利的人生规划，也是比较循规蹈矩的职业规划。有些人大学一毕业就开始创业，恰逢遇到不错的机遇，很快就成功了，甚至不到 30 岁就过上了自己想要的人生。但这样的人通常是很早就想好了自己未来要做什么，并做好了万全的准备，所以才会有世人看到的"成功"。换言之，要想在大城市更好地生活下去，人生规划必不可少。

一个对人生没有想法、没有规划的人，无论是在小城镇还是大城市都不会有太大的成就。所以，不管你在哪里，身处哪个领域，都认真规划一下自己的未来吧。只有合理规划目标，并按照规划一步步执行下去，人生才有拨开云雾见天明的时刻。

最后我想说明一点，大城市之所以令很多人向往，就是因为那里确实有很多小城镇所不具备的资源，不仅可以开阔一个人的眼界，而且还可以给人提供快速成长的土壤。因此，虽然初到大城市打拼可能要吃很多苦，但我还是建议年轻人毕业之后，尽量去大城市看一看、闯一闯！

第 2 章

能轻言放弃的，只是梦，而不是梦想

何以解忧，唯有上路

1984 年，在日本东京举行的一次国际马拉松邀请赛上，出现了一匹黑马，名不见经传的日本选手山田本一夺得了世界冠军。赛后，记者蜂拥而至，纷纷询问山田本一取胜的秘诀，面对记者们猎奇的眼神，他只说了一句简单的话："凭智慧战胜对手。"

乍听之下，很多人觉得山田本一是在故弄玄虚，谁都知道马拉松赛拼的是体力和耐力，而不是什么智慧。两年后，山田本一代表日本前往意大利米兰参加马拉松比赛，再次获得世界冠军。记者们又跑来向他询问成功秘诀，山田本一的回答还是那是那句话："凭智慧战胜对手。"

这让所有人都感到迷惑不解。

十年后，山田本一在他撰写的自传中揭开了谜底。他在书中这样写道："每次比赛之前，我都要乘车把比赛的线路仔细地看一遍，并把沿途比较醒目的标志画下来，比如第一个标志是银行，第二个标志是一棵大树，第三个标志是一座红房子……这样一直画到赛程的终点。开始比赛的枪声一响，我就以百米的速度向第一个目标奋力冲去，等到达第一个目标后，我又以同样的速度向第二个目标冲去……四十多公里的赛程，就这样被我分解成几个小目标轻松地跑完了。起初，我并不懂这样的道理，把目标定在四十多公里外终点线的那面旗帜上，结果我跑到十几公里时就疲惫不堪了，完全被前面那段遥远的路程给吓倒了。"

现实生活中，很多人做事之前总是忧心忡忡，觉得自己距离成功很远，还没开始做，就先在脑海中预想自己不会成功的结果。如果一个人抱着这样的心态去做事，怎么可能会全力以赴呢？如果最后当真失败了，就把问题归结于太难，自己本来就力不能及，失败自然是情理之中的事了。殊不知，在人生的旅途中，如果我们也能像山田本一那样，不管三七二十一，先上路再说，能跑多远算多远，何尝不是一种智慧呢？

一代枭雄曹操是我国东汉末年著名的军事家，同时也是一位优秀的诗人。他的那句"何以解忧？唯有杜康"至今仍广为流传。

人有七情六欲，难免会有忧愁。为了解除自己的忧愁，人们想尽了各种办法：喝得酩酊大醉、号啕大哭一场、睡个昏天暗地、跑到商场疯狂购物、来一场说走就走的旅行……总之，只要能让人暂时忘却忧愁的，人们都愿意试一试。但不管是大醉一场还是外出旅行，当你酒醒之后或是旅行回来之后，问题就解决了吗？之前的忧愁依然在那里，你同样还是得面对。有人说，一个人所有的烦恼，都是因为穷。俗话说，"贫贱夫妻百事哀"，贫穷的确会引发各种各样的问题，给人带来各种各样的忧愁。可是成为有钱人之后，就没有忧愁了吗？多少人在穷苦的时候是快乐的，却在拥有了财富之后变得诚惶诚恐呢？

　　说到底，生活中的很多忧虑，都是我们想得太多、做得太少所致。而唯一能够解决忧愁的办法，就是勇敢地面对问题，然后在自己的人生道路上不断前行。

　　陈明在读大学的时候整天愁眉苦脸，忧心忡忡。在学校组织的一次心理课上，赵老师看出了他心里有事，就在下课之后，特意将他留下，向他问道："陈明，你这段时间是不是不开心啊？"陈明支支吾吾，不肯说出自己的心事。赵老师耐心地开导他，让他凡事不必忧虑。最后，陈明敞开心扉，深呼一口气说："自从进入大学，尤其是上了大二以后，我每天都很担忧自己的未来，不知道自己学的知识够不够，毕业之后能不能适应这个社会。"赵老师听了陈明的话，劝慰道："原来是这样。其实你能从现在就开始思考以后的出路已经很不错了，要知道你的很多同学都还在尽情地享受大学生活呢。就你烦恼的这些问题啊，恐怕等到他们真正进入社会之后，才会开始担忧。"

"那您的意思是说，我这担忧是正常的？"陈明带着疑惑问道。

赵老师接着说："有这种担忧实属正常，但凡事都要避免'过犹不及'，你现在就是担忧得有点过了。如果你一直让自己处于担忧、害怕、焦虑的情绪中，那绝对是弊大于利的。"

"那我要怎么解决呢？"陈明急切地问。

"想要解决这个问题的办法很简单，就是你不妨给自己制定一个个小目标，并且一步步地去实现这些小目标，当这些小目标逐渐实现时，你心里自然会越来越笃定，前方的路也会越来越明朗。正所谓'何以解忧，唯有上路'，与其恐慌未来，不妨试着先做，做了之后再说。"

听君一席话，胜读十年书。经过赵老师的点拨，陈明豁然开朗，他说："老师说得对，与其整天杞人忧天，愁容满面，不如收拾好心情，一步步地走下去。"

每天晚上睡觉之前，陈明都喜欢在 APP 上听音频。有一天他突发奇想：我的嗓音也不错，要不我也注册个账号，录个节目试试？说干就干，陈明马上买了一套录音设备，在网上开了一个叫"有话明说"的专栏。虽然想法是好的，但是真要实施起来，远不是想象中那么容易，即便是短短几分钟的视频，也很难一次录好，通常不是说着说着嘴瓢了，就是视频中突然出现外界的杂音。后来，为了提高录视频的效率，陈明一改自己睡懒觉的坏习惯，每天早晨四五点钟就起床，趁着自习室空无一人的时候，拿着设备去录音。可是声音录好后，陈明发现自己根本不会用音频软件，编辑出来的音频效果一点儿都不好。为了让自己的视频做得像模像样，他在网上找了很多音频编辑高手的视频，跟着电脑一步一步地学，一步一步地做。然而节目上线后，点击率并不高，为此他又去百度上搜索运营、宣传的攻略，整天忙得热火朝天。

突然有一天，他从繁忙中抬起头来，发现自己很久都没有发愁了，因为他根本没时间发愁。

有很多人总是对未来充满担忧，甚至心怀恐惧，担心自己这做不好，那也不会做，未来该怎么办。其实，很多事何必自寻烦恼呢？古诗有云："车到山前必有路"，每个人的精力都是有限的，过多的担心和忧虑必将消耗你的精力和意志力，让你错失很多进步的机会。如果你连尝试都不曾尝试，怎么就知道自己一定做不好呢？要时刻谨记：人生的忧愁，除了努力，没有其他化解的办法。

在前进的路上，我们并不是孤身一人。很多强者也曾经和今天的我们一样，有着各种各样的忧愁、烦恼。可他们没有被绊住脚步，而是毅然决然地大踏步向前走过去了，这才获得了耀眼的成就。而平凡的我们，即使终其一生也很难达到自己想要的高度，但只要愿意尝试，说不定就"柳暗花明又一村"呢。等你跨越一道道障碍，回过头来再看来时的路，会发现曾经那些自以为天要塌下来的磨难不过是过往人生一道小小的坎儿。生活有时像一场打关的游戏，没有人能一次通关，总会有层层障碍阻挡你的脚步。

故而，何以解忧，唯有上路。在正值拼搏的年纪，我们不必过于患得患失，更不必杞人忧天。生活本来就像一场打关游戏，很少有人一次通关、事事顺利，而年轻本身就意味着还有大把的机会迎接无数的可能，这也正是青春的迷人之处。所以，年轻人，不用害怕，不要担忧，只要我们不曾停下脚步，眼前的忧愁就只是我们成功路上的垫脚石而已！

光有目标还不够，还要有规划

　　美国一个专门研究成功学的机构，历时 25 年追踪一批大学毕业的年轻人，看他们最终都取得了什么样的成就。结果发现，只有一小部分人过上了相对富有的生活，另有十分之一的人凭着稳定的经济收入能够保障生活，剩余的大多数人情况都不太好，甚至生活拮据。而这些人之所以过得不太好，并非年轻时不够努力，主要是因为他们对自己的目标没有清晰的规划。

　　刚毕业那年，这批年轻人的智力、学历、环境条件等都相差无几，同样的意气风发、踌躇满志。他们临出校门时对自己人生目标的规划是这样的：

　　27% 的人，没有目标；

　　60% 的人，目标模糊；

10% 的人，有短期清晰目标；

3% 的人，有清晰而长远的目标，而且对实现目标的路径，做了明确的规划。

25 年后，这批年轻人的境遇开始出现巨大的落差。

对目标有清晰规划的 3% 的人，几乎都成了社会各界的精英人士，其中一些人已经成为行业领袖；

10% 的人，实现了自己的短期目标，成为中产阶级；

60% 的人，做着一份勉强糊口的工作，没什么特别的成绩，基本上生活在社会的中下层；

剩下 27% 的人过得很不如意，并且喜欢怨天尤人，整天抱怨这个社会"不肯给他们机会"。

问题出在哪里？明明当年大家的起点都差不多，何以 25 年后彼此的生活大相径庭？

其实，他们的差别仅在于——25 年前，有人就已经知道自己接下来要做什么、怎么做，而另一些人则不清不楚。

我相信每个人最初上路时都心怀梦想，可理想很丰满，现实却很骨感。随着时间的推移，人们对实现理想的渴望程度逐渐有了区别，有人在咬牙坚持，有人慢慢地臣服于现实生活，最终导致千差万别的人生。

可是，不经历风雨，怎能见彩虹？美好的东西之所以美好，就是因为它们通常都很难轻易获得。为了凸显它们的难能可贵，上天设置了重重关卡，以求可以筛选出真正配得上自己心中目标的勇者。

而实现理想，有一个非常重要的因素，就是要懂得合理规划自己的目标。

人不可能一口就吃成胖子，目标也很难一下子就实现。当然，除非特殊需要，没有人愿意成为一个胖子，而且就算想成为一个胖子，也必须合理规划自己的饮食，吃一些有利于健康并且还能增肥的食物，经过一段时间的积累，才能真正成为一个合格的胖子。

目标就像一座高山，我们在攀登之前，必须要准备充足的食物和水，才有机会登顶。另外，还需要预估多久能够到达山顶，攀登的途中会不会遇到下雨天或是陡峭的山崖和猛兽。如果什么都不准备就贸然登山，遇到一点挫折就有可能会放弃。

"我可以三年不赚钱，但我第四年赚的钱比之前三年加起来赚得还要多。"这是我身边一个成功的创业者说过的一句话。这位创业者出身于普通家庭，大学毕业之后，他没有急于找工作，而是做起了自由职业者。也正因为此，每逢春节，亲戚朋友围坐一堂热热闹闹地闲话家常时，对他来说，就像一场"劫难"，因为他总能成为大家讨论的焦点，说他好好的一个大学生，班也不上，整天在外面瞎混。

可即便如此，他依旧我行我素。就这样，他在大家的白眼中，认真整合了自己的能力、人脉以及资源，组建了一个工作室。然后经过三年的积累，终于由量变达到质变，他挣到了人生的第一桶金，给未来的事业打下了一个坚实的基础。

这时，原来响彻于耳边的嘲笑、数落等全都听不见了，通通变成了赞誉之语，大家都夸他有出息、有想法，将来必成大事。

他听了只是笑笑，并不觉得自己真有那么卓越，不过是知道自己想要什么罢了。如今的他有足够的能力把握自己人生的节奏，所走的每一步都能顺从自己的心意，绝不随波逐流，他觉得这样也算不枉此生。

人生是一场漫长的旅途，没有几个人能够一步登天。正所谓"厚积薄发"，最坏不过大器晚成。虽然每个人的人生目标并不一样，但是只要通过合理的规划，坚定不移地前进，必能过上属于自己的幸福生活。

要想有运气，先要有实力

　　"运气就像公交车，错过了这一辆，你永远不知道下一辆什么时候会来。但实力却像私家车，无论什么时候都能坐上。"这是雯雯刚毕业的时候悟出的一句话。

　　那天她像往常一样去上班，天气很不好，大家都急急忙忙地奔向公交站。当雯雯上气不接下气地跑到公交站牌下的时候，直达公司的公交车已经开走了。早上的时间真是一寸光阴一寸金，越着急越觉得时间难熬。下一班公交车杳无踪影，最后雯雯毫无悬念地迟到了。

　　到了公司之后，她气呼呼地向同事抱怨道："今天真的太背了，公交车一直不来。"同事随口问她："你怎么不买一辆车呢？"作为一个刚入职场的年轻人，可能很多人会脱口而出："我哪儿有钱啊？"但当时雯雯并没有那么想，她突然悟到：

等公交车就像等运气一样，运气好，可能你刚到公交站，车就来了；运气不好，就会等半天，公交车也迟迟不来。而有车的人却从来不会想着等公交车，他们只要计算好时间，就能准时到达公司。这不就像在社会上打拼的人们一样吗？运气好，遇到一个好的公司能够安心工作；万一运气不好，遇到一个接纳不了自己的公司，那么随时有可能会被辞退。而如果有了私家车，就好像拥有了绝对的实力一样，不需要依靠运气而是通过实力就能在公司站稳脚跟。

可对于刚毕业的雯雯来说，私家车肯定不是她目前的经济能力可以买得起的，于是她就想到了在公司附近租房。这样一来，既节省了通勤时间，又不必担心错过公交车会迟到而被公司扣钱，而且为了能够更快地提升自己的实力，她常常加班，不加班的时候就在家学习专业知识。两年之后的一个下午，她去参加一次分享会，与一家企业的老总谈得甚为投机，那位老总很赏识她，极力邀请她加入自己的公司担任管理层的职位。

如今的她早已成为某家企业的高管，而作为女强人的她，每次被人谈论的时候，都只会被人认为是她当时运气好而已。只有极少数的人知道，当时那位赏识她的老板，在分享会结束之后，和她深入地交谈了将近三个小时。在那三个小时的时间里，老板对她的专业知识、工作经验等都做了深入的了解。当然，她也没有辜负自己两年来的刻苦学习，她的回答让老板深信自己没有看错人，最终才聘用了她。

不可否认，运气是实力的一种，但如果没有可以镇得住的实力，再多的运气也将从指间溜走，这就是所谓的"才不配位"。

小王是一名应届毕业生，虽然在大学里学习马马虎虎，但刚刚走出校园的他，依然对自己的前途非常乐观。从小到大，他都觉得自己虽然没怎么努力，但是运气却好得出奇。这不，就在同学们所投的简历几乎都石沉大海的时候，小王顺利地收到了一家公司的面试邀请。小王心里一阵窃喜："我就知道我运气好！"他兴冲冲地赶去公司面试，发现当天只有他一个求职者，立刻喜形于色，觉得这份工作就要手到擒来了。面试开始了，面试官从专业知识、性格、情商等各方面对他发出了提问，有些专业问题老师上课时提到过，可他当时没有认真听，完全答不上来，导致他后来越来越慌，性格、情商等方面的缺陷更是暴露无遗。面试结束后，面试官非常直接地对他说："很抱歉，你不符合我们公司这个岗位的要求。"小王尴尬不已，只能灰溜溜地离开了这家公司。

小王垂头丧气地走在回家的路上，笑自己真傻、真天真，以为只要运气足够好，就一定可以胜出。但是今天这次面试却"啪啪"打脸，明明一个很好的机会，却因为他没有那个实力，而白白浪费了。

每个人都想拥有好运气，但是运气只能给有实力的人助力，却不能给一个人无中生有地创造出一切。如果一个人没有实力，哪怕运气再好，他也抓不住机会。就像网上流传的一个笑话：一个穷人每天都在上帝面前祷告，说自己运气太差了，从来没有中过一次奖。他以为上帝没有收到自己的心声，就日夜不停地祷告。终于有一天，上帝被他弄烦了，大声对他说："你整天说自己运气不好，没有中过奖，我倒是想让你中奖啊，那你也得先买一张彩票吧。"

有一句话叫"越努力越幸运"，为什么那些努力的人运气很好呢？其实没有人永远走好运，也没有人永远走背运。那些不断取得成功的人，不过是通过自己扎实的实力，将一次次的运气牢牢地握在手中而已。

年轻人，真的不要再抱怨自己运气不好了。在这个适者生存的时代，哪有那么多靠运气来决定成败的事？如果没有实力，再好的运气也只能是过眼云烟。在本该奋斗的年纪，不要总指望走捷径，多学一些知识，多提升自己的实力，在不久的将来，你一定会被运气所眷顾。

别耍小聪明：要做事，先做人

在国外，许多留学生都会选择在餐馆勤工俭学，做些刷碗、刷盘子的计时工作。按照卫生要求，餐馆老板要求盘子一定要用水冲三遍，其中一位留学生觉得这样既麻烦又增加工作量，更何况就算他只冲两遍水，从盘子的外观上也看不出来，于是他就试探着偶尔只冲两遍水。如此一来，他的工作效率大大提升，老板夸他勤快，特意给他发了小费。

这个留学生很得意，主动向一起工作的同伴炫耀起自己得到奖赏的"秘诀"。可是，待他说完，同伴不但不效仿他，反而还劝他以后可千万别那么做，免得被老板发现后丢掉工作。他不以为意，还取笑别人胆小如鼠，依旧我行我素。

终于有一天，他的小秘密被餐馆老板发现，老板将他辞退了。他只好去别的餐馆求职，可是没干两天，他又被辞退了。

就这样连续好几次，他都是干不了多久，就被辞退了。到最后，他只要一报出自己的名字，老板们就摇头拒绝，冷冰冰地对他说道："这里不需要你。"他急了，问："怎么可能不需要？你们明明写着要招聘洗碗工啊！"

人家回答说："我们是很需要洗碗工，但是不需要你这样的洗碗工。别人洗三次，你洗两次，你的名字已经被这个街区所有的餐馆列入黑名单了，谁还敢用你？"

最后，这个自作聪明的学生只好去另外一个很远的街区去工作。

生活中，不乏这种看着聪明伶俐，实则难有大作为的人。他们自以为高人一等，实际上非常愚蠢，经常搬起石头砸自己的脚，聪明反被聪明误。

爱耍小聪明的人，可能会一时比较得意和顺利，但迟早会吃大亏。头脑聪明无疑是件好事，但是如果把这种聪明用错了地方，从而看轻别人的智商，那只会让人不齿。俗话说，"要做事，先做人"。只有规规矩矩做人、踏踏实实做事，让别人认为你值得信赖，才能为未来打下坚实的基础，为自己的发展奠定稳固的根基。

美国前总统罗斯福说过："成功的平凡人并非天才，他资质平平，但却能把平平的资质发展成为超乎平常的事业。"可见，即使是平凡人，只要抱着一颗平常心，踏实肯干，有水滴石穿的耐力，获得成功的机会也不比聪明人少到哪里去。

　　一位桃李满天下的老教授谈起他多年来的教学感悟时，说："很多学生在学校时毫不起眼，既没傲人的成绩，也没特殊的天分，有的只是诚实的性格，看上去再普通不过了，很难给老师和同学留下深刻的印象。这些学生即使走入职场，也不爱出风头，总是一味默默地努力。但是毕业后几年、十几年后再看，他们通常事业有成，有的甚至已经成为所在行业的领军人物了。而那些原本看来会有美好前程的孩子，却在社会的大熔炉中变得碌碌无为。"

　　这是怎么回事呢？很简单，如果一个人具备脚踏实地的做事风格、积极进取的学习精神，并愿意勤奋钻研一技之长，那么成功就会变得相对容易得多。脚踏实地的人，通常不会给自己设定高不可攀、不切实际的目标，也不会心存侥幸地去投机取巧，更不会期望找个捷径一步登天，而是认认真真地走好脚下的每一步，踏踏实实地过好每一天，他们甘于从最初的起点出发，在平凡中孕育梦想、成就梦想。

　　李嘉诚在用人时有个标准，他说："不脚踏实地的人，是一定要当心的。假如一个年轻人不脚踏实地，我们用他就要非常小心。你造一座大厦，如果地基不打好，上面再牢固，也是要倒塌的。"

　　可见，无论做什么事情，都需要付出心力和精力，想要不费吹灰之力就摘取硕果，只能是痴人说梦。想靠运气过日子的人，很可能一直等不到运气光临。只有埋头苦干的人，才能显出真正的智慧，成就一番事业。

被人质疑那就对了，因为你还年轻

　　美国知名的维斯卡亚机械制造公司吸引了很多年轻人前来求职，曾有一个叫史蒂芬·威尔逊的年轻人，也希望能成为公司的一员。

　　史蒂芬·威尔逊毕业于著名的哈佛大学，学的还是机械制造专业，所以一开始他非常自信地给维斯卡亚机械制造公司写了一封求职信。没想到，他的自荐信被退回了，该公司明确地回复他，不会聘用只有理论知识而缺乏实践经验的人。当时，还有几个同学跟史蒂芬一起投递了求职信，被拒绝后，他们应聘到别的公司，干得风生水起，很快就进入了管理阶层，只有史蒂芬不想放弃，还是把目标锁定在进入维斯卡亚公司工作。

有一天，父亲让史蒂芬帮他收割农场里的向日葵，那年雨水充沛，很多向日葵都在植株顶端萌发了嫩芽。父亲见了，对史蒂芬说："这些葵花籽这么着急地在顶部发芽，肯定没有好结果。想要发芽、开花，必须先踏踏实实地钻到泥土里去才行呀。"言者无意，听者有心，父亲的话让史蒂芬突然顿悟了。

回家后，史蒂芬把哈佛大学的毕业证书塞进抽屉，再次来到维斯卡亚公司，表示只要能入职，自己宁可不领报酬。公司看这个年轻人十分有诚意，就让他先从清洁工做起。同学们听说了史蒂芬的决定，都大感不解，一个名校毕业生，竟然屈尊去扫地，这不是自毁前程吗？可是史蒂芬却干劲十足，清洁工的工作可以让他在公司里四处走动，他借机仔细观察了公司各部门的生产情况，还详细地记录在本子上。半年以后，他突然发现公司在生产中有一个很严重的技术纰漏，于是依据自己平时积累的大量调研结果和统计数据，花了整整一年的时间，设计出一个修复方案。

史蒂芬想把自己的方案汇报给公司总经理，但是作为一名扫地的清洁工，他根本没有机会见到总经理的面。半年后，公司突然遭遇大量退单，很多产品因为质量问题被退回，积压在仓库中，公司蒙受了巨大的经济损失。公司高层心急如焚，董事会召开紧急会议，商量解决方案。会议不间断地进行了六个小时，没人能拿出一个行之有效的解决方案。这时，史蒂芬鼓足勇气敲响了会议室的门。他拿出自己的设计方案，对总经理说："给我十分钟时间，也许会改变公司的处境！"

史蒂芬思维缜密，逻辑清晰，对问题做了层层的剖析和解释，最后拿出产品的改造设计图。这个设计极其完美，不但能保留产品原有的优点，还能修补技术漏洞，规避了可能出现的问题。

十年之后，清洁工史蒂芬已经成为维斯卡亚机械制造公司的总裁，并且还是业内知名的工程师，在美国富豪榜上位居前五十名。

经常有人羡慕地向史蒂芬请教，是如何做到这一切的，他的回答意味深长："当你的能力被人质疑时，就把自己当成一颗种子钻进土壤里！"

人在年轻的时候，无论是求职还是创业，通常都很难拿出一份华丽的履历表。不要紧，你不必为此灰心丧气、妄自菲薄，只要沉下心来好好努力，总有一天别人会对你刮目相看。

我国西汉一代名将韩信幼时家境非常贫寒，但他并没有因此自轻自贱，自甘堕落，反而志向高远，势要做出一番事业。有一次，小伙伴们在一起玩耍的时候，纷纷说起自己长大后的梦想：有的想当农夫，有的想做工匠，有的想经商。轮到韩信的时候，只见他身体挺立，大声说道："我要成为一名大将军。"他的话刚一出口，小伙伴们就笑得前仰后合。在那个动荡不安的年代，普通老百姓躲避战役还来不及呢，他竟然主动说想去战场，不是太傻了吗？后来，韩信的父母不幸在战火中双双离世，只留下他孤身一人。由于他缺乏赚钱的能力，所以不得不去老乡家里讨吃喝。可是他始终没有忘记自己说过的话，为了坚定自己的信念，尽管他并没有参军，但是腰间总是别着一把宝剑，时刻提醒自己别忘了理想。当时有一群无赖，特别看不惯韩信这副样子，就故意刁难他。有一天，一个无赖堵住韩信的去路，嘲笑他说："你连自己都养不活，还整天揣着一把宝剑，妄想成为将军，你也不看看自己几斤几两，简直是痴人说梦！"韩信不想理会他，就想绕道而行。可是那个无赖却死缠着不放，只见他大步走到韩信面前，指着韩信的鼻子继续嘲讽道："你别以为自己背着一把宝剑就多了不起，在我看来你只是一个胆小鬼而已。你要真觉得自己厉害，就拿起你的宝剑刺我一下。你要是不敢，那就从我的胯下钻过去。"说着便打开了双腿，还用手指做出让韩信钻过去的动作。围观的众人以为两人势必要打一架了，没想到韩信淡然一笑，便从无赖胯下钻了过去。从那以后，在众人眼里，韩信成了一个不折不扣的胆小鬼，宁愿承受胯下之辱也不敢反抗。不久以后，韩信遇到了日后建立汉朝的枭雄刘邦。刘邦很欣赏他的才华，对他予以重用。最终，韩信果然成为举世闻名的大将军。

　　或许很多人都会觉得奇怪，以韩信当年的武艺，解决一个无赖应该不是什么难事，可他为什么甘愿受辱也不愿意跟他对峙呢？他当真是个胆小鬼吗？如果他当真胆小如鼠，想必也不会有后来权倾朝野、让刘邦有所顾忌的韩信了。从他日后行军打仗的事例中我们不难发现，韩信是一个有勇有谋的人，他可以与君子斗智谋，却不愿与无赖争高低。

不只是韩信，很多人在年轻的时候都被人质疑过。曾经的我，在自己的"宏图大略"遭到家人质疑的时候，也曾发疯似的对父母吼道："为什么你们不相信我？"

面对别人的质疑，你是不是也曾恼羞成怒？然而，与其怒火冲天、将时间放在与别人掰扯和争吵上，不如将这些质疑当成自己前行的动力，然后摆平心态，按照心中的目标，踏踏实实地去做事，用实际行动来证明自己。

终有一天，当你有所成就，那些质疑必将不攻自破。

用三年时间为梦想买单，值不值

　　人的一生说漫长也漫长，说短暂也短暂。之所以有人觉得漫长是因为自己还年轻，渴望的东西迟迟不来，脚下的路还很长；而觉得短暂是因为时光如白驹过隙，还来不及好好努力或者珍惜，那些美好的事物就已经失去，不再属于我们。

　　所以，在这漫长而又短暂的一生中，如果让你用三年时间为自己的梦想买单，我们姑且不谈值不值，先来讨论一下：你敢不敢？三年的时间成本，说长不长，说短不短，一旦选择了不计成本、不计收益，用三年的时间去追逐梦想，也算是人生一次小小的冒险。

　　现在的大学生在择业的时候，通常会面临两条路。一条是平坦的路，只要按部就班地走下去，就能安安稳稳地度过一生；一条是布满荆棘的泥泞之路，并且还会时不时伴随着迷雾和猛兽出没，但只要自己肯努力，勇于披荆斩棘，最终将会收获上不封顶的财富人生。如果是你，你会选择哪条呢？

我身边就有这样两个鲜活的例子。

冯宇是一名即将毕业的大学生，他和许多同学一样，整个大学四年都过着逃课、打游戏、考试"60分万岁"的生活。他对自己的未来一点儿都不担忧，觉得自己学的是热门专业，只要毕业后勤勤恳恳地工作，假以时日月薪过万根本不是什么难事。在这种盲目自信的前提下，毕业后的冯宇如愿成为一家公司的职员。他每天做着基础的工作，准时上下班，完全符合公司对员工的最低要求。就这样，三年过去了，他觉得自己已经有了一些职场经验，就毅然决然地选择了辞职，想重新找一份高薪的工作。

可是他却从来没有认真想过，在当前这种竞争激烈的社会大环境下，任何职场都像一个大竞技场，年轻人想要拿到月薪过万，要么拥有过人的技术本领，要么拥有独到的工作方法。而这两点，冯宇都不具备，毕业三年，他虽然也是兢兢业业地工作，但是绝对谈不上努力经营自己。所以，他找了一圈工作却频频碰壁后，终于发现自己的竞争力比初入职场的新人强不了多少，"月薪过万"暂时还只能是个梦。

另外一位大学生小寒，刚毕业的时候同样对未来充满了幻想，但他和冯宇的想法完全不一样。小寒觉得，尽管自己在大学期间认真学习，可在高手如云的职场竞争中，自己的大专学历根本不堪一击。于是，他分析了自己的优势和短板之后，开始有的放矢地找工作，很快成为一家公司的程序员。由于小寒的代码知识扎实，工作中遇到难题也很虚心地向前辈请教，再加上他业余时间经常参加一些行业活动，对最前沿的市场需求多有了解，很快就在公司脱颖而出，一年内老板给他加了两次薪。可是渐渐地，小寒发现，要想在社会上立足，单靠能力是不行的。就算自己再怎么努力工作，最多也只能做到主管的职位，至于总监那样的位置永远留给能力更强、格局更大的人。为此，小寒心里犯起了嘀咕：是就这样老老实实地打工、放弃自己心中的理想，还是趁自己年轻、努力拼搏一把呢？时间一天天地过去，小寒一直犹豫不决。

直到有一天，公司举办年会，董事长上台致辞时讲起了自己年轻时的拼搏经历。这让小寒很受触动，他默默地想：我一定要辞职！哪怕失败了，我宁可回来继续做程序员，也不想在若干年后为自己年轻时不曾努力拼搏过而后悔。第二年，小寒果断放弃了原本高薪的工作，虽然上司极力挽留，但是他仍然踏上了北漂之路，开启了人生的第一次创业生涯。

经历过创业的人都知道，创业远没有想象中那么简单。果不其然，不到半年，小寒的第一次创业就宣告失败，几个合伙人也解散了。可是，虽然这次创业失败给了小寒巨大的打击，但是他并没有因此一蹶不振。他想，既然在北京失利，眼下也没有合适的工作等着自己去上班，不如再到深圳试一试吧。于是，收拾好第一次创业失利留下来的烂摊子之后，小寒毅然决然地前往深圳开始了自己的重新打拼之路。就这样，经历过无数泪水和汗水轮流冲刷的日子后，留在深圳的第四年，他终于再一次成立了自己的公司，通过承包网络营销和软件开发的项目，创造了数百万的利润，彻底摆脱了"打工仔"的身份。

在这个世界上，每个人都有权力选择自己的活法，但是有一个道理要说清楚：平淡不等于平庸。在《爱丽丝漫游奇境记》中，黑桃皇后说过一句话："在我们这个地方，你们必须全力奔跑才能停留在原地。"生活如逆水行舟，不进则退，你选择原地不动，实际上就是一种退步。因此，永远有那么一群意气风发的人，他们不安于现状，总希望通过努力改变自己的一生。

回到开篇那个问题，用三年时间为梦想买单，值不值？现在我可以很明确地告诉你：不仅值，而且超级值！当然，前提是你必须拥有不断进步的学习力、保证自己一直前行的自律力，以及立刻行动的执行力。最重要的是，你还要拥有面对质疑绝不动摇的坚定信念。

人的一生，掐头去尾，留给我们奋斗的时间并不多，与其潦草地度过一生，不如在我们什么都没有的年纪，豪放地赌一把。只要我们能够坚定自己所选的道路，必然会有一个光明的未来。

第 3 章

磨难，是弱者的深渊，是强者的垫脚石

压在心上的叫压力，化为行动的叫动力

　　在一次演讲会上，我听到这样一个故事，虽然很像心灵鸡汤，但是仔细一琢磨，无论是自然界还是我们人类，确实有很多突破自身极限、用后天努力来弥补先天不足的励志事例。故事是这样的：

　　有一天，上帝心血来潮造了一群鱼。虽然这些鱼大小不一，但是上帝把它们的身体都做成了体表非常光滑的流线型，还分别给它们安上了短而有力的鳍，让它们能够在水里自由自在地遨游。

　　上帝把这些鱼放到大海里以后，忽然发现自己忽略了一个问题：鱼身体的比重大于水，一旦它们停止游泳，就会立刻下沉，最后只能被水的压力压死。于是，上帝想了一个补救的办法：将它们一一召回，给了它们一个神奇的法宝——鱼鳔。对鱼来说，鱼鳔就是它们的安全"气囊"，鱼可以通过增大或缩小气囊的办法来控制和调节自身在水中的沉浮。

上帝忙了一整天，将前来报到的大大小小的鱼都安上了鱼鳔，只有鲨鱼没有来。原来鲨鱼太调皮了，一入海就瞬间消失得无影无踪，上帝找不到它，只好任由它自生自灭了。一想到鲨鱼因为缺少鳔很快会沦为海洋中的弱者，最后还有可能被自然淘汰，上帝心里就很难过。

一晃亿万年过去了，在某个无所事事的日子，上帝突然又想到了自己造的那群鱼。他忽然想看看那群鱼现在生活得怎么样了，尤其想知道没有鱼鳔的鲨鱼是否早已灭绝了。

可是，经过亿万年的进化，所有的鱼都变得与之前大相径庭，上帝已经分辨不出哪些是当初的大鱼、小鱼和白鱼、红鱼了。于是，上帝朝大海中问道："谁是当初的鲨鱼？"这时，一群威猛强壮的大鱼游上前来，原来它们就是海中的霸王——鲨鱼。上帝大吃一惊，心想："这怎么可能呢？没有鱼鳔的鲨鱼要比别的鱼多承担多少压力和风险啊！可现在看来，鲨鱼无疑是海洋中的翘楚、鱼族的霸王，这到底是怎么回事呢？"

鲨鱼说："因为我们没有鱼鳔，无时无刻不面对压力，一刻也不能停止游动，否则就会沉入海底，被海水压死。所以，亿万年来，我们从未有一分钟停止过游动，这就是我们的生存方式。"

　　和朋友在一起闲聊时，常常听到有人感叹"现代人压力太大了"。确实，在这个飞速发展的时代，来自家庭、人际、职场等方面的压力，很容易让人喘不过气来。不管应对哪一种压力，都需要花费心力、精力和时间，人不觉得累才怪呢。

　　压力大的日子会让人心力交瘁、萎靡不振，让人感觉希望渺茫，日子过得疲惫不堪，甚至想要放弃努力。然而，如果我们换一个角度来思考，压力就成了鞭策我们前进的一种动力，它不仅可以激发人的潜力，赶走浮躁、浅薄和倦怠，而且还能把人变得越发坚强、成熟，自然也就距离成功越来越近。

　　俗语说，"井无压力不出油，人无压力轻飘飘"。有时候，人身上太"轻"了未必是好事。

　　一艘货轮正缓慢航行在大海上，突然风云突变，风浪来袭。水手们顿时惊慌失措，不知如何是好。这时，经验丰富的老船长果断下令："打开所有货舱，立刻往里面灌水。"水手们大惊失色："险上加险，不是自找死路吗？"

　　老船长镇静地说："你们见过根深干粗的大树被暴风刮倒过吗？被刮倒的都是一些根基尚浅的小树。"水手们听完船长的话，半信半疑地照做了。随着货舱里的水越来越多，货轮渐渐停止颠簸起伏，越来越平稳了。

　　化险为夷后，水手们松了一口气，老船长告诉他们："一只空木桶，是很容易被风打翻的，但如果你在里面装满水，一般的风就很难将它吹倒。船负重的时候，也是最安全的时候。只有船舱空的时候，才是最危险的时候。"

我们每个人都像一艘在生活的海洋中不断前行的船，肩上的各种压力就是我们的负重，虽然有时这些压力会让我们感到烦躁和焦虑，但是一个人如果没有一点儿压力的话，就很难找到奋斗的理由，人生也就很容易被生活的波浪打翻。因此，有压力未必是坏事，无压力也未必一定就是好事。

"让压力成为一种动力"，这不仅仅是一句口号，而且还需要一个转化条件，这个条件就是我们的抗压能力。面对压力，很多时候需要我们进行积极的自我调整。如果只是一味地被动应付，久而久之，难免会生出疲于奔命的感觉，有些脆弱的人，更是被压力"压"得倒地不起。相反，如果我们不回避、不拒绝，积极面对压力，学会合理解压，说不定可以化压力为动力，使其产生推动我们前进的"巨大能量"。

挫折：无非是人生的一道坎儿而已

"你知道吗？我曾经觉得自己很失败！"在一个阳光明媚的下午，朋友小飞端着手里的咖啡对我说。还没等我询问原因，他接着说道："还好我走了出来，如今想来，那不过是我人生中一道很小的坎儿罢了。"

在已经不再包工作分配的这个年代，"毕业即失业"已经成了部分大学毕业生的共同处境。小飞就是其中一员，他的学历不高，家人对他的期望也不大，只是希望他在大学毕业之后，能够回到老家考个公务员，然后找个人结婚、生子，安安稳稳地过好自己的下半辈子就行。但是小飞觉得父母对他的人生规划根本就不是他想要的生活，他想要的是去大城市闯荡，比如去无数青年才俊心之向往的上海。

所以，毕业后的小飞并没有听从家人的安排回到家乡，而是去了上海。刚到上海的小飞，人生地不熟，连个合适的落脚处都不知道上哪儿找。但是上海的高消费很快让他意识到，当务之急是要找到一份稳定的工作。"你能想象到找工作的时候，我穷得连一瓶水都舍不得买吗？因为没钱，我只能居住在郊区的一个土房子里。房子上面是稻草，下面是坑坑洼洼的土地。每逢下雨天，我都得拿着洗脸盆接住屋顶漏下来的雨水，否则房间里到处都是泥巴。好在一星期后，我终于在那座城市找到了自己的第一份工作。"

"你为什么不找亲戚朋友帮忙呢？"我不解地问道。

"自然是找过的，但都没有帮我。而且帮我是情分，不帮是本分，何必非要他们帮呢？"小飞说得云淡风轻。不过，我能从他淡淡的笑容中感觉到一丝落寞。试想，在一个人穷困潦倒的时候，谁不想有人能拉自己一把呢？

"那时候我每天至少要跑两家公司参加面试，大多都是销售、技术员、运营专员等诸如此类的岗位。好不容易找到一份工作，我还来不及感慨自己即将时来运转，三天之后又被开除了。走在回去的路上，我的眼泪情不自禁地流个不停，怎么擦都擦不干净。"说这句话的时候，小飞眼里泛着些许泪花。

"时来运转？三天之后又被开除？到底怎么回事？"前后两种截然不同的说法，让我对此产生巨大的好奇。

"说是时来运转，是因为当时我遇到了同一个县城的老乡，他自己开了一家公司。听说我正在为找工作发愁，就不管我有没有经验，毫不嫌弃地聘用了我，而且在那三天对我特别好。遗憾的是，我辜负了他的信任，连最基础的工作也没有做好。三天之后的那个下午，他把我叫到办公室，拿出400元钱递给我，并对我说：'通过这三天的观察，我发现你不太适合这份工作，所以我没法留你在这里工作了。本来三天的试用期，我是可以不付你薪酬的，但是出于我们是老乡的关系，我还是把过去三天的工资付给你。明天你就不用来了。'"

"从遇到一个不错的老板，到只干了三天就被开除，简直就像坐过山车似的，落差也太大了，想必当时你心里一定很难接受吧？"我不禁感叹道。

"还好，那道坎儿已经过去了。从那件事中我明白了一个道理：运气再好也要有实力来衬托，否则只会自取其辱。"

"接下来，你又怎么样了呢？"我接着问。

"后来我随便找了一份编辑的工作来糊口，但是干得也不顺心。因为新工作的上班地点距离我居住的地方很远，我就找房东借了一辆破旧的自行车，先骑半小时的自行车到达地铁站，然后坐一个多小时的地铁，下地铁之后再走十多分钟才能到公司。所以，虽然公司规定的上班时间是上午9点，但我通常6点30分就要起床，7点出门。晚上6点下班，可我到家差不多都8点了。"

"那还好，现在很多上班族都这样。"对于他这段经历，我倒没有太过吃惊。

"那是因为你只看到了我的出行时间，没看到我真正过着什么样的生活。当时的我，每天的生活费只有 5 元钱，最穷的时候一天只能煮一包泡面，还是那种塑料膜包装的量贩装。"

"一天的生活费只有 5 元钱？我没听错吧？"

"没错，就是 5 元钱。下班后，回到居住地的菜市场买两根火腿肠 2 元、一个土豆 2 元、一把葱花 1 元。然后蒸一碗米饭，将菜炒好之后，平均分成两份，一份当天晚上吃，一份带到公司当作第二天的午餐。幸好当时上海的天气很冷，否则饭都得馊了。"说起这些的时候，小飞的言语中已经不再透着一股心酸，只是充满了感慨。

"可如今你已经成了高管，买了房，有了车，也算苦尽甘来了。你到底是怎么熬过来的呢？"听着小飞诉说自己经历过的艰苦生活，我更好奇他是如何走到现在的。

"相信自己，或许这是我能给你的最直接的回答。当时，我虽然在那家公司做着编辑工作，但是经常会留意公司里是否有其他更适合我的岗位。终于在半个月之后，我找到一个机会，公司的一个技术员突然离职，我赶紧毛遂自荐，申请担任该岗位。就这样，我从基础的工作开始做起，半年后提出了离职。幸运的是，我刚离职又遇到了一个做总监的老乡，由于有了之前的工作经验，我包装了一下自己，然后就顺利入职了。入职之后，他也特别照顾我，觉得我年纪轻轻又十分努力，很像曾经的他。在那之后，我开始不断学习所在行业必须具备的专业技能，并且接触各种企业高管，形成了自己的人际圈子。终于，我的生活越来越好，而且我觉得我还能走得更远！"诉说这段经历的时候，我明显能感觉得小飞眼里的光芒。那些曾经阻碍他的挫折，早已经被他的奋斗精神磨平了。

小飞的经历并不稀奇，正处于打拼阶段的年轻人，哪个没有遇到过挫折呢？遇到挫折我们应该充满勇气，因为挫折的背后往往隐藏着丰厚的果实。只要你能打败挫折，就能摘取硕果。

英国有一位叫约翰·克里西的作家，在其写作生涯中，一共收到过 743 封退稿信，因此被称为"收到退稿信最多的作家"。对于一个立志于写作的人来说，这无疑是种沉重的打击。他说："不错，我正在承受人们所不敢相信的大量失败的考验。如果我就此罢休，所有的退稿信都将变得毫无意义。但我一旦获得成功，每封退稿信的价值都将重新计算。"他 35 岁开始写作，到逝世时为止，一共出版了 564 本书，无数的挫折因他的坚持而变成了惊人的成就。

马丁·路德·金曾经说过："可以接受有限的失望，但是一定不要放弃无限的希望。"希望是美好的，只有坚持，才能把希望变成现实。人人都渴慕成功，可真正成功的人却不多。对于平庸者或者失败者来说，他们的人生并不是缺乏机会，也未必是缺乏能力，而是缺乏面对挫折的勇气，至此一生都碌碌无为。

世间获得成就的人，几乎都是具有坚毅精神的人，他们似乎都买了一份不会失败的保险。不论他们曾经失败过多少次，最终都能坚持不懈地走向目标。在挫折面前，不折不扣的坚持确实是一场盛大的考验，凡是经得住考验的人，都会获得丰厚的回报。

总有人要赢，为什么不是我

我有一个同事，总是说自己"乌鸦嘴"。说来也奇怪，每次他说的那些坏事大多都变成了现实。比如有一次，全公司都在熬夜加班，赶一个项目的进度。大家吃夜宵的时候，他突然说："我有一种不好的预感，电脑要出问题。"

话音未落，"啪"一声停电了。

后来，每次他说"我有一种不好的预感"的时候，大家都集体喊"闭嘴"。

大家开玩笑说，把他的嘴贴上胶布，日子就能好过很多。

有一次我问他："你为什么总有不好的预感呢？"

他郁闷地说："我也奇怪了，为什么我每次想的坏事都能成真，是不是我有特异功能、未卜先知啊？"

我说："你有没有过好的预感？"

他认真地想了想，说："从没有，尤其是对一件事的结果特别担心的时候，我不好的预感就更加强烈。"

其实，每个人都会担心出现坏结果，尤其是对某事特别在意的时候，心里总是充满焦虑，消极的想法会在无意中影响我们的状态，使事情往不好的方向发展，或者变得更糟。这就是心理学中说的，潜意识对我们生活的影响。

而积极的想法就像太阳，总能将让自己的生活照出光来。可见，想法决定我们的生活，有什么样的想法，就有什么样的选择。

成功学大师拿破仑·希尔说："一个人能否成功，关键在于他的心态。"成功人士与失败人士的差别就在于，成功人士用积极的心态去面对人生，而失败人士则运用消极的心态去面对人生。很多人的生活，都是被悲观的想法拖进了消极的泥淖，根本没给自己机会去验证自己的能力，就直接说自己"不行"。

运用消极心态支配人生的人，倦怠、颓废，不敢也不愿积极解决自己所面对的各种困难和挑战。其实，世界上能打败你的，只有你自己。无论你自身条件如何恶劣，只要敢于迎接挑战，发挥自己的最大潜能，以兵来将挡、水来土掩的勇气披荆斩棘，就有可能到达成功的彼岸。反之，无论自身条件如何优秀、机会如何千载难逢，如果心态不对，就像千军万马没有统帅一样，失败是必然的。

　　说到底，如何看待人生，由我们自己决定。比尔·盖茨曾经说过："如果你以积极心态发挥你的思想，并且相信成功是你的权利的话，你的信心就能使你实现所有明确的目标。但是如果你接受了消极心态，并且满脑子想的都是恐惧和挫折的话，那么你所得到的也只是恐惧和失败而已。"

　　"总有人要赢，为什么不是我？"这句话是美国著名篮球运动员科比说的，说出来容易，真正做到的人却屈指可数。

　　这句话比较流行的时候，有人也曾经自嘲地对我说："总有人要赢，为什么不是我？"我记得当时自己还抱着调侃的心态反问他："总有人要赢，为什么要是你呢？"

　　是啊，总有人要赢，为什么要是你？面对这样的反问，许多人都不知道该如何回答，只好一笑置之。可是，我的朋友疯子却自信地对我说："因为我足够努力，情商够高，做事细心，付出的比别人多，所以这个赢家不是我还会是谁呢？"

　　疯子之所以被称为"疯子"，并不是因为他脑子有问题，而是他做起事来真的不要命。疯子之前并不是这样，他从小成绩就不好，还顽皮捣蛋，是父母心中极不听话的孩子。父母的不信任和指责，让他逐渐对自己失去了信心。慢慢地，他真的成了父母嘴里"没有出息"的孩子。父母说什么，他就做什么。长大后，疯子交往了一个女朋友，时间长了，女朋友对他也很失望。有一次两人吵架，女朋友哭着大骂："你作为一个男人，连自己的思想都没有，你还能做啥？你就什么都听你爸妈的？你有没有想过自己去做点事呢？"

疯子被女朋友的激烈态度吓到了，嗫嚅着说："我觉得我自己做不到……"

"那你有没有努力去做呢？你连做都没有做，怎么就觉得自己做不到呢？你知道人最可悲是什么吗？不是做不到，而是做都没有做就承认自己失败。"

真是一语惊醒梦中人。女友的话触动了疯子内心深处的那点不甘，他回家跟父母深入地谈了一次，说自己要外出闯荡。

三年后，疯子给我发来请帖，说自己买了房准备结婚了，如今的他事业有成，生活也比三年前要充实得多。

每个人都想成为人生赢家，但并不是谁都能赢。每个赢家的背后都有许多难以忘却的磨难，而这些磨难正是支撑赢家站上"领奖台"的完美动力。二十多岁的年轻人，正是最渴望成功的年纪，也是精力、执行力最佳的年纪。所以，这个时期的年轻人，你心里有多想赢，就应该有多敢拼，如果能付出十万分的努力，那个总归有人要赢的人，不是你还会是谁呢？

逼到退无可退，让自己绝处逢生

1946 年 7 月，一个小男孩出生在美国纽约贫民区的一所慈善医院里。医生接生的时候，产钳伤到了他的面部神经，导致他的左脸脸颊部分肌肉瘫痪，左眼睑与左边嘴唇下垂，说话含混不清。

在他 11 岁那年，父母离婚了，他和父亲生活在一起，父亲对他十分严厉，经常斥责和打骂他。15 岁那年，他来到费城，与母亲和继父一起生活。他的学习成绩一塌糊涂，一共换了 12 所学校，在每个学校都是待不了多久就被学校找个理由将他开除了。

好不容易过完苦难的童年和少年，他渐渐长大成人了。由于他在体育方面表现出过人的天赋，所以非常希望自己能成为一名足球运动员，可是没有一所体育院校愿意为他敞开大门。

出于无奈，他只好来到瑞士，一边给女学生上体育课，一边学习戏剧课程。在这里，他终于找到了自己的理想和追求——做一名演员。

他满怀信心地回到美国，进入迈阿密大学正式学习表演，然而他的导师断言他不是演戏的料，永远也不会有前途，还劝他尽快退学。尽管他不相信命运，也不愿意服输，但还是以三个学分之差被迈阿密大学拒之门外。

随后，他来到纽约闯荡。他找来好莱坞电影公司的名册，开始到各家电影公司去推荐自己，并且在被拒绝之后仍不气馁，继续上门拜访，请求对方再给自己一次机会。名册上的500家电影公司被他轮番跑了三次，也就是说，他被拒绝了整整1 500次。母亲实在不忍看他接连受挫，就劝他不如暂时放弃做演员的梦想，想些别的出路。于是，他开始潜心研习剧本的写作。他想：既然我无法改变自己的外表，总可以试试自己创作剧本吧！

就这样，他创作了一个名为《洛奇》的剧本。当他拿着这个剧本再次去电影公司试镜时，虽然一些制片人对此剧本颇感兴趣，但是因为他坚持要求出演男主角，他又统统被拒绝了。他不甘心，依旧锲而不舍地在各大电影公司轮番推荐自己的剧本以及他自己。终于，在被拒绝了1 855次后，一家电影公司被他的执着打动，答应了他的要求。影片只用了一个月的时间就拍完了，制作成本也低得可怜。电影公司对这部电影也没有报以太多的期望，只想着能够回本就行。然而，令所有人大吃一惊的是，这部小成本电影不但票房突破了 2.25 亿美元，夺得了奥斯卡最佳影片与最佳导演奖，而且还获得了最佳男主角与最佳编剧的提名。

一夜之间，他成名了。

这位日后成为好莱坞超级巨星的演员，就是史泰龙。

回首往事，史泰龙感慨万千。他认为自己成长的每一步，几乎都处于濒临崩溃的边缘，如果不是抱着一种置之死地而后生的信念，他根本不会有今天的成就。用史泰龙自己的话来说："我必须干出点儿什么名堂，来为自己赢得一点儿自尊与自信。"

史泰龙后来的健身教练曾经这样评价他："他所做的每一件事情都是百分百的投入。"

或许，正是这种百分百的投入，才让他得以绝处逢生。

"你知道现在的年轻人，为什么越来越扛不住打击，稍有一点儿不顺就选择放弃吗？"在一个阳光明媚的下午，我和一家投资公司的老板聊天的时候，他对我提出了这样的问题。

"那是因为他们的抗压能力差。"我端起刚泡好的茶说。

"你说得还不够全面，真正的原因是当下的年轻人脑子里没想法的同时，还把投资人当傻子。自己明明没有经验，却还不忘虚构那些不切实际的未来。他们总以为自己遇到了绝境，殊不知那只是他们整个人生经历中的一小段路而已。真正的绝境不是还能悠然自得地畅想未来，而是已经走投无路，只能抓住最后一根救命稻草的决心。"这位老板用一种恨铁不成钢的语气说道。然后，他突然问我："你知道什么是真正的绝境吗？"

"应该是被逼到退无可退，被生活压得喘不过气来吧。"我无奈地回答。

"40 多年前，在我还只有 5 岁的时候，我的父母离婚了。所以，我很小的时候就和母亲相依为命。她为了供我念书，每天起早贪黑地工作。我们居住在一间很小的出租屋里，一直到我十六七岁，我们困窘的生活都没有改善。眼看着母亲的身体一天天老去，如果我再不出去找工作，很可能下个月就要被房东赶出去。再看看家徒四壁的房屋，我当时真的觉得天都要塌下来了。为此，我一度郁郁寡欢，甚至想到了轻生。母亲看我整日愁眉苦脸，做什么都提不起劲，就开导我说：'孩子，不如你出去闯一闯吧，妈这里还有几百元钱，跟着妈让你受苦了。'本来母亲不说那些话，我还能压抑住自己内心的苦闷，可她一宽慰我，我立马绷不住，'哇'的一声哭了出来。思考了一夜之后，我决定拿着母亲给我的那几百元钱南下做生意。我在心里暗暗发誓：既然老天非要把我逼上绝路，我偏不认命，我非要挣一个前程来给老天看看不可！

　　"刚去的时候，我白天干苦力，晚上摆地摊。当时的深圳很流行摆地摊，但是很多人都坚持不了，一是城管不让摆，二是又熬夜又受冻的，所以大家基本上是隔三岔五出来摆一下。只有我每天都准时出摊，慢慢地我吸引了一批客户。为了寻求更好的突破，我跟客户说：'我这里的产品质量都非常不错，你要是带朋友来买，我额外给你提成，你看怎么样？'就这样，老客户开始给我介绍更多新客户，我的资源越来越多，钱也越赚越多。当时，一些看起来不起眼的小商品常常脱销，导致一部分老顾客经常是乘兴而来，败兴而归。于是，我突发奇想：如果我自己去生产这些商品，是不是更赚钱呢？说做就做，我把自己的积蓄全都拿出来，又贷了一些款，开办了自己的第一家工厂。一开始，工厂的效益还不错，正当我觉得可以稍微松一口气的时候，我们的产品突然出现了质量问题，导致大量渠道商退货。我不得不将工厂抵押，以此来补偿他们的损失。当时我已经快 30 岁了，还刚结婚不久。可是在工厂倒闭之后，妻子毫不留情地离开了我。那段时间，我经常喝得酩酊大醉，觉得自己的人生一片黑暗。有个朋友了解到我的情况后，给我送来一笔钱，并鼓励我说：'现在行情不好，不代表未来行情也不好。你发现没有，互联网经济的风口出现了，你敢不敢跟我赌一把，我们可以自己做一个网站来赚钱啊！'就这样，我突破了第二次绝境，这才有了今天。"

随后这位老板又给我讲了他生活中所遭遇的许多困境，讲完之后，他语重心长地对我说："不要总以为绝境很可怕，其实真正可怕的是自己没有一颗战胜绝境的心。就像你不逼自己一把，就永远不知道自己有多优秀。你不退到无路可退，永远不知道什么叫绝处逢生。"

什么是绝境呢？尽管个人有个人的看法，但就我的理解来看，所谓"绝境"就是前无方向，后无退路。简单来说，就是我们面临的问题已经超出了自己的承受范围。人们在遇到绝境时，往往会出现两种选择：一种是被绝境打倒，选择逃避；一种是打倒绝境，开启人生中的另一扇门，进入一个全新的境界。

当然，并不是所有人都会遇到绝境，也不是所有人都能打倒绝境。但是人这一生难免会苦难重重，假如不幸遭遇绝境，也不要害怕，这是上天在通往成功的路上对我们的考验。就像伟大的哲学家孟子所说："天将降大任于斯人也，必先苦其心志，劳其筋骨，饿其体肤。"只有突破了这些困境，才能让我们真正迈向成功。

那条路，你必须自己走

一群人组织了一场攀缘比赛，终点是一座非常高的铁塔的塔尖。随着一声哨向，比赛开始了，塔底乌泱泱地围着一大群人观看比赛。

其实，没有人相信有谁可以爬到高高的塔顶，毕竟参赛的人都是一些没有受过专业训练的普通人，就连参赛选手自己也不相信。他们之所以参加，主要是想体验一下攀缘的感觉。

就在选手们一个个艰难地往上攀缘的时候，下面围观的群众一直在窃窃私语："他们肯定到不了塔顶，一会儿准有人下来！"

"是的，他们是不可能爬到的，塔太高了！"

果不其然，爬了一会儿，有些人已经累得气喘吁吁，开始泄气了。而那些情绪高涨的人依旧信心满满地继续往上爬。

人群中不断有人冲他们喊道："这太难了！系好安全绳，小心别掉下来。"

"上面风大，小心吊在上面下不来。"

本来选手们就已经有些体力不支，想放弃了，又被塔底的人们这么一喊，遂吓坏了，很多人纷纷退出了比赛。但是有一个人却越攀越高，一点儿没有放弃的意思。随着攀缘的难度越来越大，不断有人退出比赛，只有那个人一直坚持不懈地往上攀爬。最后，他如愿以偿地成为唯一到达塔顶的胜利者。

大家对他敬佩不已，等他下来后，纷纷围住他，问他："你哪来这么大力气可以坚持这么久啊？"

结果，那个人只是茫然地看着众人，什么也没说。原来，他是个聋哑人！

大概每个人都会遇到这样的问题：到底是目标真的不可能达成，还是我们自己的意志不够坚定？抑或是，我们内心深处畏惧挑战，潜意识里压根儿就没打算好好地去完成？

生活中的困难几乎人人都会遇到，是迎难而上，还是一味逃避，主要取决于一个人的心态。畏惧困难的人，通常都对自己缺乏信心，还没开始就在心里嘀咕"我肯定不行，我还是退缩吧"。一次次的退堂鼓累积下来，最终使自己陷入"我什么也做不好，我什么也不会做"的心理障碍深渊。

人类自远古时期进化而来，身体里蕴藏着两种本能：战和逃。前者需要冒更大的危险，消耗更多的能量，所以后者——逃避挑战和危险成了人类的本能之一。作为生存本能，逃避或许是一种有效手段。但是在整个漫长人生中，外界环境不断变化，如果我们一直回避挑战，就要承受可能被淘汰出局的命运，因此而造成的心理压力并不比选择应战来得少。所以说，逃避挑战并不可取。

著名管理学家彼得·德鲁克指出："未来的历史学家会说，这个世纪最重要的事情不是技术或网络的革新，而是人类生存状况的重大改变。在这个世纪里，人将拥有更多的选择，他们必须积极地管理自己。"可见，时代要求我们成为一个积极主动、充满热情、无所畏惧的人。

有人说，在同等条件下，成功与失败最终取决于意志力的较量。成功常常悄悄地躲在你以为已经走投无路的拐角处。想要取得成功，在确定了目标和行动方向之后，剩下的事情就只有坚定不移地向目标前进了。我们只有管理好自己的行动力，迅速有效地执行，才能让行动力转化为最终的胜利果实。

黎明前的一刻，是一天中最黑暗也最冷的时刻。也许你正在黑暗的夜色中独自前行，但紧接着不就能迎来晨曦和朝阳吗？

正如美国诗人惠特曼在《草叶集》里所写的那样："我不能，别的任何人也不能代替你走过那条路，你必须自己去走。"

让身上的伤疤成为你的勋章

每个人都有快乐、悲伤、痛苦、绝望等各种各样的情绪，快乐时忍不住想笑，感觉心里要开出花来；悲伤时却有不同的表现，有人一直沉溺在悲伤里无法自拔，有人化悲痛为力量，挣扎向前。

而我要说的，是发生在我身边的一个悲伤却勇往直前的故事。

我的朋友阿强之前做过置业顾问，当时他之所以选择这个职业，一是认为房地产是挣钱最快的职业，二是觉得自己在为人处世方面做得很好，一定可以做好这份工作。入职后，阿强被分到一个叫浩瀚的经理手下，刚开始的一个月他整天充满干劲儿，每天坐在公司给客户打电话介绍房子时都热情周到、激情满满，可是到了月底，别说让客户签约了，就是前来看房的客户都没有几个。第二个月他依旧坚持用自己贴心的服务给客户打电话，但是到了月中的时候依旧没有客户签单，他心里急得像热锅上的蚂蚁，七上八下的，却不知道问题到底出在哪里。月底的时候，同样没有客户签单，就连潜在客户都没有，这下子阿强的心态彻底崩了，再来上班的时候，像霜打了的茄子一样，无精打采的。

浩瀚找阿强谈话，问他怎么回事。阿强垂头丧气地说："不行了，我实在是坚持不下去了。"

浩瀚笑了笑："这点小挫折就要放弃了？"

阿强说："这两个月来，我打了无数个电话，可是一个单子也没签到，尽管有几个客户有意向，但他们也只是问一问，一说让他们来实地考察一下，他们就说没时间。"

浩瀚说："这很正常啊，你以为房子这么好卖吗？就凭你几句话就成交了？"

阿强一时怔住了。在没做这行之前，他真的没想到卖房子会这么费劲。

浩瀚接着说道："我给你讲一个故事吧。"

阿强点了点头。

浩瀚说起了他自己的经历。他出生在河北的一个小村子里，家里除了他还有一个姐姐和一个弟弟。小的时候，他的家里还算富裕，父亲长期在外跑长途，总也不在家，母亲在家务农。

在他的印象中，他很少看到父亲，一年到头也见不了几次面。所以，他的童年几乎没有享受过父亲的关怀。转眼浩瀚上了初中，十几岁的男孩子正处于青春叛逆期，不但不好好学习，还整天跟一群狐朋狗友厮混，偷鸡摸狗、打架斗殴的坏事没少干。当时他在镇上上学，每次他惹是生非，老师就会让他请家长，然后母亲就大老远地跑到镇上听老师训话。回家以后，母亲一边把老师教导自己的话给他重复一遍，一边训斥他下次可别不懂事了，但他每次都嬉皮笑脸地应承着，没过几天又故态复萌，常常让母亲头疼不已。

初三那年冬天，应该回家过年的父亲没有回来，他问母亲出什么事了，母亲只是沉默不语。那年的春节，就母亲带着他们姐弟三人过了一个不太圆满的"囫囵"年。正月十五那天，他偶然听到母亲给父亲打电话，两个人在电话里吵起来了。挂了电话之后，母亲就一直哭，虽然他不知道父亲跟母亲说了什么让母亲那么伤心，但是那次是他从小到大第一次看见母亲掉眼泪。寒假过后，开学的第一天，浩瀚就被学校劝退了。因为他把同学的头打破了，对方的头缝了七针。他本来不想动手的，可那位同学在班里说浩瀚的爸爸有外遇，不要浩瀚他们娘几个了。浩瀚一时没忍住，就把出言不逊的那位同学打伤了。在医院病房，等他母亲赶到的时候，他的班主任、那位的同学家长以及学校的各级领导已经满满当当地站了一屋子。母亲进门后二话不说直接打了他一耳光。那是母亲第一次打他，而且还是当着那么多人的面，他觉得很丢脸，扭头就跑了。回到家以后，他把自己关在屋子里谁也不理。吃晚饭的时候，母亲问他为什么要打同学，浩瀚说出了原因，并问母亲那位同学说的是不是真的。母亲并未正面回答，但他已从母亲一脸落寞的神情里得到了答案。他把碗筷一撂就往外跑，说要把父亲抓回来。母亲死命地拽着浩瀚不让他去，可她不但没拽住已经长得身强体壮的浩瀚，反而被他拽倒了。于是母亲就抱着浩瀚哭，哭着求他千万不要去。浩瀚心疼地看着母亲，看着这个既当爹又当妈辛辛苦苦把他们拉扯大的女人，瞬间觉得母亲老了。父亲对家里不管不问，家里还有三个孩子要上学，这些生活重担全压在母亲一个人身上，她怎么承担得起？

他说那天是他人生的转折点，让他从无忧无虑、穷开心的傻小子一下子变成了拖家带口、疲于生计的男人。听到这儿，阿强问他："你父亲跑了这么多年车，家里多少总有些存款吧？你们的日子应该不会很难过啊。"浩瀚看着他说："你真是年轻，想法单纯。他出轨不用花钱吗？他一个货车司机，如果没有钱，谁会跟他啊？"

阿强恍然大悟，不再插嘴，继续听浩瀚说。

在此之前，浩瀚并不知道其实父亲早在好几年之前就已经不再往家里拿钱了，这些年的花销全靠母亲一个人节衣缩食、给人打零工硬撑着，偶尔还要贴补父亲。所以，当他知道他把同学打伤所赔付的医药费是家里最后一点积蓄时，毅然决定进城打工。他在心里暗暗发誓，从此以后，他不会再给这个风雨飘摇的家庭带来麻烦，他还要扛起养家的重担，让母亲喘口气。可是，他上学时没好好念书，学历也不高，根本找不到太体面的工作。但好在他年轻，个子也够高，勉强当个临时工，谎称自己是勤工俭学还是可以的，于是他就白天去超市做导购员，晚上再去大排档做钟点工。工作辛苦是辛苦，但是每个月至少能挣 5 000 元，也算干得不错了。每次发工资后，他只给自己留 500 元的生活费，剩下的全都寄回家里。过了两三年，他觉得这样赚钱太慢了，就直接转行做起了房产销售。

浩瀚说，他当时的想法和阿强一模一样，也觉得卖房子应该比较赚钱。可是，一个连基础的房产知识都不懂的人，又怎么可能卖好房子呢？刚开始的时候，他也是没有客户，就趁工作间隙一边牢记房产的各种信息，一边跟在那些销售高手后面听他们怎么跟客户谈话。那段时间，他每天扎在售楼处，一直听、一直学，几乎没有休息过。好在他的努力得到了回报，终于让他签下了第一个单子。他现在还记得当时带客户看房子时，他的腿肚子都是软的。签完合同把客户送走之后，他跑到卫生间哭了好久。拿到佣金的那一刻，他觉得自己的人生第一次充满了力量。做业务就是这样，有了第一单就有第二单、第三单……

他逐渐成为销售精英，被公司提拔为经理。后来，他在城里买了房、买了车。姐姐考上大学，自己闯荡去了，他就把母亲和弟弟接到身边来，彼此有个照应。

讲完自己的经历，浩瀚说："你看，我当初那么苦都熬过来了，你这算什么啊，你好歹上了大学有文化，家里也没糟心的事。年纪轻轻的，心态放好，别太容易崩溃了，好好回去工作吧。"

阿强点点头，准备打起精神再搏一搏。可就在他站起来往外走的时候，突然回头问了浩瀚一句："你这不是段子吧？谁能这么惨？"

浩瀚笑了笑，对他说道："段子也是人编的啊！要知道，艺术来源于生活，年轻人别把世界想得太美好了！"

你看，悲伤的时候好像身处地狱，你可以选择待在地狱每日承受烈焰焚烧，也可以翻过烈焰，披荆斩棘。谁都可能遭遇悲伤，那些事业有成的人背后也未必都是繁花似锦。所以，别让悲伤蒙蔽你的双眼，别让悲伤成为你前进的阻力。那些带着深刻烙印的伤疤不应该是你的桎梏，而应该成为你勇往直前后的勋章。

第 4 章

你有多高的期待，就有多大的动力

做不敢做的事，过想过的生活

　　美国著名成功学家威廉　詹姆斯说："我们这一代人的最大发现是人能改变心态，从而改变自己的一生。"换句话说，人最大的敌人是自己。

　　我很喜欢庄子那句"独与天地精神往来"，在庄子看来，人活着有一个自我的完成。在这个自我完成里，最重要的一个组成部分就是战胜自我。

　　以上两种说法，有异曲同工之妙。然而，道理人人都懂，做起来却很难。人人都想"放松心态，轻松做事"，但事实上，很多人都跨不过自己的心魔，终其一生过得谨小慎微，碌碌无为。

　　我的好朋友薛慧一直是个特别胆小的人，确切来说，是特别害怕失败。大学毕业以后，她本来已经在学校的招聘会上顺利通过了北京一家文化传媒公司的面试，但是临到报道前夕，就因为一件"钱包事件"，她又决定不去上班了。

上班之前，她想顺道先去河北见一下自己的大学好友文君，结果因为太疲惫，她在火车上睡着了。等她下车检查自己的行李时，发现随身携带的包包里装着的手机和包好的一万元竟然不翼而飞了。

她顿时慌了，一时之间心乱如麻，不知该如何是好。后来，她在一位好心人的帮助下，联系上文君，这才渐渐缓过劲来。之后，她没有再去北京，而是直接打道回府，回了老家。

事后，我问她："那么好的工作机会，怎么说放弃就放弃了呢？"

她说："我害怕无助，害怕孤身一人在外打拼的生活。虽然钱包没了、手机丢了看起来不是什么大事，但是那种因为没有手机无法导航、没有钱连个住的地方都不知道去哪儿找的困境，光是想想就足以让我恐惧。"

现在的薛慧在老家的一个辅导机构教书，拿着月薪 3 000 元左右的工资，和老公一起每月还着房贷，日子虽然不富裕，但也不拮据。在外人看来，她生活得也算不错了，除了偶尔会感慨当时要是没有那次"钱包事件"，说不定自己早就是个月薪过万的白领之外，大部分时间她都很享受当下的安逸。

是啊，人生哪有十全十美的事。你既想要前程，又害怕面对挑战；既想生活再上一个台阶，又不愿意付出，怎么可能事事周全呢？

如果当初薛慧硬着头皮去北京上班，或许一开始的确会有些不适应，难免会经历一些挫折，但只要她坚定信心，踏实努力地去干，说不定早就过上不一样的人生了。可她太追求安逸，也太害怕失败了，所以才造成了如今的遗憾。说到底，她是有路可退。后来我和别人说起她的事，大家都说她是性格使然，就算去了北京，恐怕也难以坚持太久，很有可能还是跑回老家。

薛慧也知道她最大的敌人是自己，她的人生字典里写满了太多的畏惧。虽然她也有憧憬、有愿望、有上进心，但是那些她想要的全部加起来也抵不过她内心的恐惧。

虽然我也试图理解薛慧当初的无助，但更多的是为她感到惋惜。人生不能重来，世上没有后悔药，错过了就是错过了。不管一个人内心对安逸的渴望是对自己的一种绑架，还是一种救赎，我们都无权质疑。

曾经有段时间我的生活很灰暗，看着别人忙着考公务员、考研究生，活得生机勃勃，我心里一片黯淡，觉得自己前途渺茫，生不如死。可是后来，我渐渐发现，就算我考上公务员或是研究生也未必会开心，因为我向往的从来都不是那种朝九晚五的安逸生活，但我真正想要什么，我自己也不确定。

后来，我找同事张兵聊天，他先问我："你觉得人活着是为了什么？"我当时很诧异，虽然自己对哲学类的书籍也有所涉猎，作家余华的名作《活着》也看过，但"人活着是为了什么"这种问题还真没认真思考过。看我支支吾吾，回答不上来的样子，他对我下了个狠评价——"稀里糊涂，没心没肺"。然后，他解释道："人活在世上，不免要面对和承担各种责任，小至对父母、妻子、儿女，大至对公司、社会，甚至是自己的国家。除此之外，我们还有一项最基本的责任，那就是对自己的人生负责。我们必须知道自己究竟想要什么，一个人只有认清了自己，才会获得起码的平静和充实，才有资格去齐家、治国、平天下。"没想到张兵平时默不作声，讲起道理来还真是头头是道，就在我一脸愕然的时候，他接着给我讲起了他的故事。

他是家里的独生子，从小学习成绩优异，父母对他寄托了很大的希望。他的父亲是一位优秀的建筑设计师，非常希望儿子能够继承自己的衣钵，将来进入设计院工作。

高考的时候，父亲替他填了志愿，让他报考建筑学专业。天资聪颖的张兵，虽然在学业上并不吃力，但是一直郁郁寡欢。这个专业，从未让他体会到学习的乐趣和激情，似乎只是为了完成父亲的夙愿而努力。

大四毕业那年，他走到人生的第一个十字路口，是考研深造，还是走入职场？在这个犹豫的过程中，他突然发现自己对一个领域产生了强烈的兴趣，那就是互联网。在网络的世界里，自媒体、社群、知识付费、网络营销……很多新兴的行业踏着风口破风而来，在移动通讯的时代，服务影响着越来越多的人。

可惜的是，他的生活被父亲按部就班地安排着。父亲给他准备了一份漂亮的简历，动用人脉为他推荐，帮他进入了一家非常知名的设计院。

半年之后，他被设计院劝退了。因为他得了一种奇怪的病，每次画图手心都会出汗，出很多很多汗，汗水甚至浸湿了鼠标，打湿了图纸，即使戴上手套也无济于事。中医、西医都看了，完全找不到病因。最后，一个老中医意味深长地说，有时候会病由心生，小伙子回家好好想想。

一语惊醒梦中人。

这半年来，虽然他从来都没有抱怨过自己的工作，但是压抑、郁闷的情绪，像无形的大山，压在心上，负重前行。

一个不敢去追求梦想、甚至都不敢面对自己的梦想的人，何谈生命的自由舒展？

事已至此，父亲的失望是不言而喻的。像一枚硬币的正反两面一样，任何事情也都有好坏两面，看从什么角度去看了。自此，他反而能够彻底放下父亲的期待，第一次认真地去思索"人为什么活着"这个问题。

深思熟虑之后，他决定考研，但考的是与传媒营销相关的专业。

　　他把这个决定告诉了父亲，那一晚，父子两人倾心长谈到深夜，彼此都打开了心结。

　　从那以后，他认认真真准备考研的事情，一刻也不松懈。每当回想起考研那段时光，他脑海中都不由自主地浮现出"坚持就是胜利"六个大字。他最终以 432 分的成绩成为北京大学的研究生。

　　现在他已经结婚生子，在一家互联网公司任总监，生活得很幸福。是啊，生活虽然艰难，有时难免迷茫，但只要能战胜自己，明白心中所求所愿，明白自己要过什么样的人生，自然就能一路向前，无所畏惧。

　　通过他们的故事，我常常反思自己：如果换作是我面临他们的境况，我会成为薛慧还是张兵？我是选择安逸，还是选择绝地反击？

　　说实话，我并不能给出明确的答案。毕竟，我没有经历过他们的悲喜，哪知他们的苦和乐。但我知道，人生要想没有遗憾，一定要记得和自己对话，知道自己想要什么、想过怎样的生活。

　　有网友问韩寒："你有没有过迷茫、不安、害怕的时刻？"他回答说："当然有啊，比赛发车前，怕撞车、怕退赛；电影上映前，怕出事；日常生活里，怕意外、怕失去……太多太多了。我只是大部分时候勇气恰好比恐惧多一些而已。"

　　做不敢做的事，过想过的生活，你才是人生赢家。

行就留下，不行就出局

大学毕业后，小 SA 去一家大牌广告公司应聘，经过笔试、面试等诸多环节后，她从几百个求职者中脱颖而出，获得了去公司参加终试的机会。终试的内容很简单：人力资源主管会根据每个应聘者的特长，将他们分配到即将上岗的部门进行为期 3 天的试用考核，最后公司会以他们在这期间的表现来决定是否聘用他们。

小 SA 和另一个姑娘被分到了企宣部。部门主管和她们见面后，只是礼节性地打了个招呼，对她们的到来表示欢迎之后，就没了下文，并未给她们分派明确的工作任务。

第一天上午，小 SA 实在不知道要做什么，就坐在工位上暗中观察同事们都在做什么，默默记在心里，并趁邻座的前辈不忙的时候向他了解了一些该部门的情况，以及自己岗位的大致工作任务流程，也算是对自己的岗位职责有个初步的认知。

午饭后，小 SA 主动投入到工作中，在征得那位前辈的同意后，热心地帮他搜集资料，提供参考数据，以辅助他做好策划书，一下午忙得不亦乐乎。而和小 SA 一起进来的那个姑娘，还在翻报纸、看手机，等着上司安排工作。

第二天上午，小 SA 和前辈一起做好了那份策划书，下午则在办公室浏览了与广告企划有关的资料。而那位姑娘依旧像第一天一样，完全不知道自己要做什么，不是翻报纸，就是看手机。

转眼就到了第三天，小 SA 决定向主管申请独立完成一份广告文案，她想在实践中积累工作经验。 主管对小 SA 这三天的表现给予了高度评价，认为她不仅积极主动、虚心求教而且还勤于思考，如果好好努力，日后一定会有很好的发展。就这样，小 SA 顺利通过考核，得到了理想的职位。而跟她一起来的那位姑娘，三天来什么都没做，自然是没有被录用。

在现代职场中，只做老板交代的事情，永远无法取得成功。听命行事的被动工作作风早已不再受到欣赏，懂得主动工作的员工才备受青睐。作为一个职场新人，在工作中，要学会主动找活儿干，而不是等着别人给你派活儿干。只要确定那是自己要做的、应该做的事，就要立刻采取行动，不必等别人吩咐。

　　成功学大师拿破仑·希尔出身贫寒，读大学时，一个机缘使他认识了著名的钢铁大王安德鲁·卡耐基，卡耐基很欣赏年轻的希尔，就交给希尔一个他自己很想做、却已力不从心的工作——采访众多成功人士，研究并总结他们的成功规律，给后来者以激励和指导。希尔接受了这项任务，一做就是整整62年，他访问了500多位成功人士，其中包括亨利·福特、金·吉利、托马斯·爱迪生、西奥多·罗斯福、伍德罗·威尔逊等名人。然后，希尔在整理他们的事迹中，分析了他们的成功经验和规律，最终写出一部重要著作《积极就是力量》。这本书自问世以来，改变了无数人的命运，为渴望成功的有志人士指点了迷津——积极是成功的基石。

　　卡耐基曾经说过："有两种人决不会成大器：一种人是除非别人让他做，否则他是绝不主动做事的人；另一种是即使别人要他做，也做不好事情的人。"

　　面对工作，积极发起挑战的人，就如同握着一把开启成功之门的钥匙。虽然刚拿到钥匙时，他们可能一时打不开，但只要掌握住正确的开启方法，并下定决心一定打开它，早晚会成功。现实生活中很多人之所以没有成功，并不是才华不够，而是不具备积极行动的热情，要知道太过保守的性格，只会让自己做什么事情都瞻前顾后、难成大器。作为初涉职场的年轻人，幸运地拥有一根"金手指"，在人生的道路上屡屡帮你破解难关，那只是电影中的剧情。现实生活是，如果你自己都不积极主动，就别指望别人给你递橄榄枝了。

学者林语堂说中国人对"不可能"三个字有种执念，心态保守的人做什么事情之前，都害怕失败，总觉得凡事都不靠谱，先在心里给自己预留一个"不可能"的结局。而心态积极的人也是这三个字，只不过在中间加了一个标点，成了"不，可能"！

近两年，很多知名企业出于成本考虑，都开始了裁员风潮，且有愈演愈烈之势。很多工作了十几年的 80 后都不幸"中招"了，甚至网上还传出了这样话："你可以肆无忌惮地骂那些 80 后的中年人，因为他们有车有房，不敢随意辞职。但不要随意骂那些 90 后的年轻人，他们随时可能会辞职。"虽然只是调侃之语，但足以说明中年时遭遇裁员危机是多么可怕的一件事。作为 90 后甚至是 95 后的你，是不是在为自己不必那么早面对被裁的风险而沾沾自喜呢？请不要忘了，每个人都会老。如果现在的你不努力为自己的将来做规划，并积极付出行动，很有可能那批被裁的 80 后会成为你日后的前车之鉴。

社会在不断地更新迭代，对人才的要求也越来越高。"You can you up"，你行你就上，你不行就只能被出局。而出局，则意味着一个人的自身价值已经与社会需求不匹配。不要因为自己现在的不作为、不努力而导致自身价值退化被出局的时候，再来感叹世事凉薄。你要明白，一个人优秀与否，无关年龄，积极行动的人，永远都是时代的宠儿。

不想吃学习的苦，将来会吃更多苦

在知乎上流传着这样一个高热度的问题："为什么大家都愿意吃生活的苦，而不愿意吃学习的苦呢？"

被顶上第一名的回答是这样的："那是因为学习的苦，你可以选择吃与不吃，但生活的苦你没得选，不吃也得吃。"

很多人深以为然。

不知从什么时候开始，"读书无用论"逐渐被一部分人推崇，并在网上毫无顾忌地大肆宣扬，用一些听来的段子或难辨真假的故事来论证这种观点有多正确。我作为一名资深的互联网人，对这种说法实在难以苟同。不可否认，确实有那么一些人，虽然没有学历，最终也取得了成功，但是他们背后所吃的苦，也非常人可以想象。我们不能只是看到他们展现在人前的光辉，就忽略了他们藏在人后的伤痕。

湖南卫视的真人秀节目《变形记》曾经因为"互换人生"的新奇内容而在网络上引发诸多关注。所谓"互换人生",就是让城市和农村的孩子分别到彼此的生活环境中感受一下对方的生活。节目中呈现出来的场景,常常是无论城市的孩子多么叛逆不羁,他们很快就被眼前的现实所震慑,大山深处物质生活的匮乏和精神世界的荒芜总能让他们瞠目结舌;而那些原本生活在农村的孩子,来到城市以后,也恍若打开了新世界的大门,他们从来没想过在世界的其他地方,别人竟过着五彩缤纷的生活,他们非常珍惜在城市里生活和学习的短暂机会,因为他们知道,这种生活只是别人的起点,却可能是他们永远难以企及的极限。

很多城市孩子在穷乡僻壤的山村里待了几天,回来就会变了一个人。他们发现,不读书的人生更苦!

那么,不学习的人生到底有多苦呢?很多知名作家和学者都曾深入社会底层寻找过答案。

美国女作家芭芭拉为了揭秘贫穷的根源,曾经假扮穷人潜入到美国社会底层去暗访。当时她只带了 1 000 美元,在不同的城市中换了六份工作,有售货员、清洁工、老人服务……虽然工作内容不同,但都因为工资少,她不得不在偏远的郊区租房子。因为居住地点距离工作的地方很远,以至她每天都要花费大量时间在通勤上,如此一来,用来提升自己的时间和寻找好工作的机会越来越少。而且，因为所赚不多，为了维持生计，她不得不去做更多的兼职，花费更多的时间做着各种劳苦的工作。她渐渐成了工作机器，直到自己情绪崩溃离开，又开始下一轮循环。是的，她前前后后一共换了六份工作，累死累活，身兼多职，不管她多努力也无法提高生活质量。因为那些高薪的工作，都要求有专业技能，对于没有受过高等教育也没有一技之长的人来说，根本就难以胜任。而低薪的工作，又让他们为了糊口，逐渐陷入奔波劳苦的深渊，致使他们始终无法在贫穷的漩涡里脱身。

美国哈佛大学行为经济学教授纳什，也曾经做过一个实验。在印度克延比都蔬菜市场，聚集着一群贫穷的小商贩，每天早晨，他们都会向富人借贷 1 000 卢比去进货，卖完可收回 1 100 卢比，到了晚上，他们要给富人 1 050 卢布。也就是说，扣除利息，他们一天的收入是 50 卢比。

纳什教授告诉小贩们说，只要他们不把这 50 卢比的收入全花掉，每天省下 5 卢比用于第二天的进货，根据复利效应，他们只需要 50 天，就可以不用再去借本钱进货了。从此以后，他们不但可以摆脱借钱度日的生存状况，而且收入还能越来越高。但是，没有一个小商贩肯听取他的建议。

"他们就那样天天重复着，付利息长达九年之久。"纳什教授说，"那些长期处于稀缺状态的穷人，培养出了短缺头脑模式，其判断力和认知能力会因过于关注眼前问题而大大降低，而没有多余带宽来考虑投资和长远发展事宜"。换言之，贫穷限制了他们的思维方式。

　　这也是小贩们宁可每天去借钱度日，也不肯从本钱中拿出一部分做长期投资的根本原因。与眼前的温饱和短时的满足相比，他们根本没有兴趣去思考未来的生活。因为从不考虑长线收入，更不用心思索解决方案，所以他们的生活只能陷入烂泥潭的死循环中。

　　有句古语说："少壮不努力，老大徒伤悲。"为什么千百年来，人们总是劝年轻人多学习，而不劝老年人多学习呢？因为年轻人还有长远的未来，可以通过不断的学习去改变自己的命运。而那些老年人所剩的时间已经不多，自然不会有人再劝他们学习。但是，学无止境，活到老学到老，不断增强自己的学习能力，是现代人一生必修的功课。

　　那些优秀的企业家，无论年纪多大，都会一直保持学习的状态。香港首富李嘉诚如今已经 91 岁的高龄了，还依然坚持每天看书学习。虽然他作为香港首富的成就值得很多人羡慕，但我相信大家对他的这种坚持学习的心态更加敬佩。

　　爱因斯坦作为一个卓越的科学家，其成就是一般人无法企及的。据说有一次，他的学生问他："老师的知识那么渊博，为何还能做到学而不厌呢？"爱因斯坦很幽默地解释道："假如把人的已知部分比作一个圆的话，圆外便是人的未知部分，所以说圆越大，其周长就越长，他所接触的未知部分就越多。现在，我这个圆比你的圆大，所以我发现自己尚未掌握的知识自然是比你多，这样的话，我怎么还懈怠得下来呢？"

越是渊博的人，越是能体会到学习的重要性。当一个人对世界充满好奇，对生活充满希望，对未知领域充满探索欲，学习于他，就不再是一个苦差事。梅花香自苦寒来，希望我们每个人不但能不惮学习之苦，而且还能超越学习之苦，在学习中体会到大乐趣，让知识为自己的人生赋能，使自己抵达到更为开阔和高远的境界。

二十几岁，本来就是该吃苦的年纪

如果非要说人这一生哪个阶段最苦，想必很多二十出头的年轻人都会认为当下最苦。刚刚大学毕业，一方面对迷茫的前途感到恐惧，另一方面又急于求成，希望快速获得自己想要的东西。

这样的"苦"，对于刚毕业的年轻人来说，当然算得上"苦"。但我要告诉你的是，且不说这样的日子本来就是很多人的生活常态，就是从年纪考虑，这也再稀松平常不过了。

二十几岁，本来就是该吃苦的年纪。这些苦，此刻的你，应该承受。

张爱玲说："成名要趁早。"一些知名的自媒体人也时不时地发些类似的鸡汤刺激着人们的神经，所以很多人都梦想年纪轻轻就实现财务自由。成名早的确有助于自己更早积累财富，但是二十几岁的年龄，正是该吃苦的年龄，为什么一定要急着成功呢？人生的路还那么长，凡事操之过急，用力过猛，只会适得其反。

别着急，只要你肯努力，你想要的，岁月都给你。

我的朋友阿杰今年刚满 30 岁，却已经是一家网络公司的总裁了。虽然他年纪轻轻就取得了如此非凡的成就，但他的创业经历并非一帆风顺。如今的公司是他第三次创业成立的公司，创立时他是 27 岁。前两次的创业失败，让他获得了非常丰富的经验，所以才有了第三次的奋力崛起。

"我大专毕业那年，刚满 20 岁。当时的我和所有年轻人一样，觉得自己必然会有一番成就，甚至会超越一些名人、大咖，成为万众瞩目的焦点。可是十年过去了，虽然我没有取得巨大的成功，但我也没有觉得曾经的自己有多天真。至少我认清了自己，懂得了什么才是属于自己的生活。"在一次创业者分享会上，阿杰向各位年轻的创业者分享着自己的创业心得。

"相比现在的 95 后来说，我们这批人已经老了，这几年 90 后，包括 95 后，甚至 00 后都陆陆续续地走上了社会，但是他们却给我两种截然不同的感觉。有一部分年轻人非常优秀，成熟得可怕，他们知道自己想要什么，耐得住寂寞，扛得住压力；而另外一部分年轻人则让我觉得他们思想滞后，跟不上时代，既不知道自己想要什么，又不想付出，整天只想着啃老过日子，对什么是前途根本不考虑。总之，这两类人要么成熟得可怕，要么幼稚得可悲。年轻人，尤其是现在二十几岁的年轻人，本来就是该吃苦的年纪。你现在吃一些苦，怕什么呢？"

在接下来的时间里，阿杰开始向大家分享他是如何从一个贫穷的小山村，一步步靠着自己的努力走到今天的经历。

刚毕业的时候，阿杰找工作的过程并不顺利，好不容易找到一份月薪 2 000 元的工作，还常常因为自己的懒散被老板臭骂。一个偶然的机会，他在一本书中看到这么一段话："现在绝大多数的年轻人都急着成功，但他们不知道成功是没有界限的，欲望更是没有底线的。那些急着成功的年轻人，往往欲速则不达。二十几岁的年轻人，应该收起自己那颗浮躁的心，多多学习身边前辈们的经验。认清自己，远比不知所谓的空想要实际得多。"阿杰顿时醒悟，如果自己一味懒散下去，只靠脑袋空想，能有多大的成绩呢？

从那以后，他开始玩命工作，工作的辛苦不算什么，他已经对此做好心理准备，难的是不被人理解。阿杰回忆说："记得有一次，我发现公司的产品在服务上需要改进，于是在开会的时候就大胆地向老板提出了建议。可是那个部门的负责人是老板的亲戚，他对我提出的建议不仅不采纳，还骂我不知天高地厚，才来几天就充行家。老板碍于亲戚的面子，也不便多说，只说让我以后提出建议前最好先部门内部讨论一下。自从那次会议之后，老板的亲戚就有意无意地给我制造麻烦，隔三岔五地跑到老板面前说我的坏话。终于有一天，老板被我和部门负责人之间的关系搞得不胜其烦，就找个理由把我开除了。在一家公司辛辛苦苦地服务三年，最后却被所谓的'裙带关系'打败，可想而知，我当时离职的时候有多不甘心。"说到这段经历的时候，阿杰明显有许多无奈。

　　"于是在 23 岁那年，我开始了第一次创业。我找了几个朋友，一起创办了一个教育平台。我们没有任何背景和资源，只能没日没夜地加班干活，引流量，争排名。那几个月，大家几乎每晚都是在公司打地铺。因为平台始终没有带来利润，我们几个合伙人之间很快出现了问题，大家纷纷质疑自己的选择。终于有一天，其中一位合伙人率先提出退伙。团队就像一套组装完整的机器，一旦某个螺丝出了问题，其他地方都会紧跟着出现问题。其他几个合伙人也一样，逐渐有人选择退出，而我在坚持了一年之后，也无奈地放弃了。总是不赚钱，谁也扛不住。

　　"第一次创业失败之后，回到家自然少不了家人的指责。他们一方面怪我好高骛远，一定要这么折腾，另一方面让我赶紧找一份正经工作，自力更生。于是，我带着沉重的负罪感，找了一份销售的工作，希望能够多赚一些钱。可是我依旧不甘心就这样认命，就偷偷地拼命存钱，准备开始我的第二次创业，那一年我 25 岁。

"第二次创业，我选择了金融行业，依旧是跟别人合伙。当时的我们熬夜看资料，通宵跟客户，终于抓住机会赚到钱了。可是很快问题又来了，几个合伙人关于分红的问题发生了严重的争执，人心也散了。随后的炒港股，让我赔得血本无归。就这样，我的第二次创业再次以失败告终。

"虽然前两次创业都失败了，但是却让我明白了三个道理。第一，创业时，如果长期赚不到钱，肯定会失败，所以一定要选自己了解的领域；第二，创业时，一定要从一开始就拟定好股权分配方案，签订正式合同，以免后期扯皮；第三，年轻时一定要多见一些世面，见识越多，成功的概率也就越大。总结好以上三点，我在沉寂一段时间之后，收拾好心情再次整装待发。在 27 岁那年，我成立了现在的网络营销公司，以提供技术与运营方案，以及帮助解决公关问题为核心打开了局面。如今的我，钱是稳扎稳打地赚，路是一步一步地走。"

听完阿杰的创业分享，我最大的感悟是，年轻真好，可以在该吃苦的年纪有吃苦的资本。

　　不是每个人都必须创业，无论选择哪条路，只要牢牢守住自己心中的目标，敢于吃苦，勇于奋斗，我们终将收获属于自己的人生硕果。

莫要等到火烧眉毛才真的着急

我们对这些场景肯定都不陌生：

雄心勃勃地制订计划，说要每天写一篇文章，可等到真要写的时候，就想下午再写、明天再写；老板让我们在规定的时间内完成的工作，本来很快就能完成，要做的时候却说今天才周一，过几天再做也不迟；想着锻炼身体，临到起床的时候还是觉得被窝暖和，就赖在被窝里不动了。

就这样，眼看着就要毕业答辩了，你的毕业论文还没有写；周五的时候老板说开个碰头会，大家把手里的工作进度汇报一下，你却发现自己早就忘了之前老板交代的事，根本就没开始做；夏天到了，看着室友们一个个穿着漂亮的短裙，露着修长的大长腿出入校园的时候，你也想那样装扮自己，可是看着自己粗壮的大腿和如桶粗的腰，只能无奈地放弃；看着身边的同龄人一个个买房、买车，你却发现自己的存款连首付都付不起。

　　以上这些场景，想必很多人都不陌生吧。因为这正是我们的生活常态，一边喊着要好好工作，等到某天展现给那些曾经瞧不起自己的人，一边又上班混日子，下班打游戏，最后还要来上一句"我没有好的机遇"，实际上自己根本连努力都不曾努力过。等到时光蹉跎殆尽，青春只剩下尾巴的时候，或许只剩下不争气的眼泪了。

　　"拖延症"是现在绝大多数年轻人的通病，他们脑子里的想法与身体的行动截然相反，不等到危机真正来临的那一刻，根本不会意识到"拖延"带来的危害。拖拖拖，不到上班点不起床；拖拖拖，不到领导要报表就不做。所以上帝是公平的，当你和"拖延症"相亲相爱的时候，最终换来的自然是，升职远离你，加薪远离你，成功和幸福更会远离你。

　　芳芳本是一个聪明且勤奋的女孩子，但自从大学毕业之后，看着身边的同龄人一个个用着各种高档化妆品、背着各种名牌包包的时候，她就会在心里想：我一个女孩子为什么这么拼？为什么不能对自己好点呢？于是收入不高的芳芳，也开始不断地享受生活：办健身卡，吃各种美食，买奢侈品一点儿都不含糊；上班卡点，下班卡点，老板安排的工作也是能拖就拖。每次开会的时候，芳芳总是对老板许下承诺，下次开会之前一定做好，可是许诺完了之后，依然克服不了拖延症，做事仍然是拖拖拉拉，工作效率很低，甚至上班时间还浏览购物网站。老板忍无可忍，就把她辞退了。失业后的芳芳仍然没有任何危机感，心想：大不了再去找一份工作呗！可屋漏偏逢连夜雨，她接到母亲打来的电话，说她父亲突发心脏病，医生说需要做手术，家里一时凑不够高额的手术费，问她手里有没有积蓄。芳芳怔住了，且不说她现在还欠着各种账单没还，就是以往她也是个"月光族"，如今家里遇到这么大的困难，她却一分钱都拿不出来。此时的芳芳才突然意识到，对未来没有规划，这种得过且过的生活是多么可怕。

生活中不乏办事拖拖拉拉的人，有一项调查显示，大约75%的当代大学生都有拖延倾向，其中患有严重拖延症的大学生占50%。

有拖延症的人，往往都有一份很长很长的待办事宜清单，有的甚至是一年前要做的事情。随着时间的推移，他们的待办清单越来越长，几乎从未清空，久而久之，很容易引发焦虑。等到危机真正来临的时候，拖延症引发的蝴蝶效应对于一个人的人生来说，不吝于一场灾难。

当然，什么事情都需要一个过程，改善拖延症也需要时间。与此同时，要想摆脱拖延症的魔爪，还要对自己的大脑思考模式有足够的了解。当你面临是去上晚自习还是去 K 歌，是写论文还是打游戏，是加班工作还是先看电影时，"现在的你"很可能会屈服于眼前的乐趣，而把有价值的事放到以后再做。但凡你做出这种选择，相信我，"未来的你"也不会好到哪里去，十有八九和"现在的你"一样，继续把有价值的事放到以后再做。于是，"该做的事"一直被拖延下去，"不该做的事"却乐此不疲地做起来没完。

只有身处退无可退的绝境，"现在的你"才会心一横，继而走上正确的道路。你在月初花了一个月的伙食费买回一堆健康食品，所以这一整个月你都只能吃蔬菜和胡萝卜，因为已经没钱吃别的了。为了控制自己的拖延行为，有些人给自己的电脑安装了一个名为"小黑屋"的软件，它每天会在固定时段切断你的电脑网络，变相逼迫你必须尽快把手头的工作做完。指望等会儿再做？等会儿断网了，你就哭去吧！

我们身边的那些牛人、学霸们之所以效率那么高，并不是他们比我们更伟大，而是他们懂得用"狠"的方法，给自己设置最后期限，让拖延症没有发病的土壤。人都是逼出来的，一旦你把自己置入"不麻利干活就完蛋"的境地，工作效率自然就提高了。否则，什么人生大计啊，在多少岁前实现财富自由啊，都是浮云。

写过一系列心理学著作的布莱恩·特雷西说："训练自己

在短时间内延迟满足感，以便在长时间里获得更大的回报，这种能力是实现成功的必备条件之一。"如果你不在天生能够延迟满足的人之列，那么就要依靠后天的积极修炼了。

其实，我们不妨思考一下，每当我们想要做出大的、积极的改变时，是什么在阻止我们？是什么把我们的计划打乱，让我们的动力下降？是什么让我们还没开始就出局了？答案之一，是我们无法克服眼前欲望的诱惑。也就是说，我们无法推迟自己的即时满足感，这也是一种缺乏自律和懦弱的表现。

帮助自己克服拖延症，就要抛弃一些旧习惯，而旧习惯最后只会给你挫败感。在日常生活中养成一些好习惯，有助于你实现更多的长期目标。从现在开始，收起自己那颗懒惰的心，为了更好的明天而奋斗，这才是真正属于年轻人的人生。

无路可走的时候，选最难走的那条路就对了

有一本畅销书叫《谁的青春不迷茫》，对于涉世不深的年轻人来说，一时的迷茫是不可避免的。迷茫，说明你手里还有选择权。

有人说，人在年轻的时候，最难的不是想要车、要房，更不是成就一番伟大的事业，而是不知道自己该做什么。的确如此，一个人要成长，必须经过磨炼，不管干什么，必须干出一定的成绩，才是一个人活在世上的最好证明。所以，我们不要总是觉得自己无路可走，生活本就是披荆斩棘才能不断前行的。

在国内一所知名大学，有一位相当优秀的导师每年都会为即将毕业的大学生举办一次就业讲座。在有一年的讲座上，导师给大家讲了一个学生的故事。

五年前的一个毕业季，一个叫王猛的学生找到导师，说他不想毕业，想继续考研。导师对他说："你很优秀，但是却不够自信，考研是继续深造的途径，而不是逃避现实的选择。"

王猛说："家人给了我三条建议：一是考研，二是找一份稳定的工作，三是自己创业打拼。我觉得这三条没有一条是适合我的。"

"如果你觉得无路可走，那就应该选择最难的那条。反正三条你都不喜欢，那就选最难的那条好了。"导师给出了自己的建议。

"为什么要走最难的那条呢？不是应该选最轻松的吗？"王猛带着疑惑问。

"表面越轻松的路，到后面会越来越难；而表面越难的路，到后面反而会越来越轻松。你愿意选哪条？"

王猛认真地思考过导师的话后，为自己制定了规划和目标。他应聘了一家网络营销公司，公司可以给他提供三个岗位：一个是网站维护，每天坐在办公室对着电脑进行技术维护就行；第二个是客服，每天接打电话，并记录客户的各种反馈；第三个是电话销售。

三个岗位之中，电话销售的薪水最低，工作量却最大，还需要经常上门拜访客户。无论天气有多恶劣，只要客户约见，马上就得带着资料出门。

最后，王猛选择了底薪少、难度大但发展空间也大的电话销售。对一个新人来说，开拓业务的难度不亚于攀登珠穆朗玛峰。每天一上班，他就开始逐一给企业打电话，不厌其烦地向他们推广业务。一个月之后，他终于迎来了第一个肯约见他的客户。客户希望先看到效果再付费，尽管这不符合公司规定，但王猛为了做成自己的第一单业务，只好硬着头皮接了下来。经过一段时间的努力，该客户的网站有了流量，排名也上去了，销量自然也比之前好了很多。可就在王猛向他收钱的时候，该客户却开始不接电话、不回微信，还躲着王猛不想见他，摆明了想赖账。

可怜的王猛，忙活了一场，不但没收回一分钱，还被老板狠批了一顿。

回到家，他忍不住躲在被窝里埋头大哭了一场。第二天，他又若无其事地去上班了，拿起电话不歇气地打了整整一天。

在以后的日子里，王猛每天坚持收集客户资源，拜访意向客户，一直处于精力充沛的工作状态。五年过去了，如今的他已经远超同龄人，成为一个小有成就的创业青年。

讲完这个故事，导师对着台下马上就要踏上新的征程的年轻人说："千万不要觉得只有自己迷茫，事实上，谁都迷茫过。迷茫并不可怕，迷茫说明你们还有无限的可能。未来并不可怕，越难的路背后藏的财富越多。你们以后会面临很多选择，有轻松的、安稳的，也有困难的。如果你不希望将来为难，那现在就选择最难的。同学们，你们即将毕业，我送你们最后一句话：当你觉得自己陷入困境的时候，选最难的那条路就对了！"

有话直说，是一种卓越的才华

"昨夜星辰昨夜风，画楼西畔桂堂东。身无彩凤双飞翼，心有灵犀一点通。"这是唐代诗人李商隐写的一首七言律诗，短短四句话将一对分隔两地的恋人之间那种相爱而又不能长相厮守的心态刻画得细致入微、惟妙惟肖。古人因深受传统礼教的束缚，很少有直白地表达感情的时候，所以才会有那么多流传至今的千古绝唱。

而现在的我们，生活在 21 世纪社会文明突飞猛进的时代，面对自己的另一半有什么话不能直说呢？很多女性时常抱怨自己的老公情商低，完全不懂自己的言外之意，让自己觉得心累。可是当她们有话不直说，反而让另一半去猜时，真正感到心累的恰恰是男人。

有位朋友谈起他的女友一脸苦相，说自己根本搞不清楚女友整天都在想什么，出去吃饭问女友想吃什么，女友一边玩手机，一边说吃什么都行。等他点好菜，真正要吃的时候，女友又开始生气，不是嫌饭菜不合口，就是抱怨他根本就不懂自己的心意，甚至指责他作为她的男朋友，竟然连她爱吃什么都不知道，实在太令她失望了。除此之外，两个人相处时很多事他在做之前，都要先揣摩一下女友的心思，要是他一时大意，完全猜错了，她就会胡搅蛮缠，不是说他不在乎她，就是说他根本不爱她。天知道，他太冤枉了！

据美国《每日邮报》报道，科学家们在两性关系研究上发现，男人喜欢女人用直截了当的方式说话。所以，高效的恋爱，就是有话直说。

有句话叫"男人来自火星，女人来自金星"，意思是说，男人和女人在思维方式和待人接物上有很大的不同，你不说，对方又怎么可能知道呢？就算一次、两次能猜中你的心思，能保证每次都猜中吗？再说了，有什么话直接说既能节约沟通成本，又能避免误会发生，一举两得的事，怎么就非要对方猜呢？

但是，有话直说不是让你尖酸刻薄地表达问题，而是让你坦率自然地说出心中所想，而不是遮遮掩掩、拐弯抹角地玩弄心机。

当然，中国人讲话素来就比较含蓄，可也正因为含蓄，引来了诸多麻烦。美国作家塞缪尔·A.科尔伯特在《直率沟通》中强调："组织中废话比比皆是，会使交流拐弯抹角甚至误会丛生，从而降低组织效率。"可见，沟通不怕有矛盾，就怕你不说、我不说，大家都靠猜、靠脑补，猜来猜去反而更容易出现问题和矛盾。

更何况如今快节奏的生活早已让人们的脚下仿佛装了风火轮，你话不直接说，别人哪有那么多时间观察你的表情、揣摩你的心意、解读你话里的意思？

所以，有话直说，是一种直面问题的积极态度。

朋友、同事之间有话直说，既能表达自己的真诚，还能增进友谊、提高工作效率；家人之间有话直说，有助于互相理解，有效避免家庭冷暴力；父母和孩子之间有话直说，可以避免沟通不畅造成的"代沟"，还能促进亲子关系的升华。

作家颜酱说："能学会有话直说，对于含蓄惯了的中国人，也是一种卓越的才华。"

语言就像孔雀的翠羽、蛟龙的鳞片，有话直说恰是最绚丽的所在，那是一种我愿意让你看清我的内心，让你明白我的所思所想的至高真诚。

有话直说，真实地表现自己的情感与情绪，喜欢就说喜欢，不要故意装作不在乎；不喜欢可以委婉地拒绝，而不是背后嘀嘀咕咕，说三道四。

　　有人说，有话直说那不是情商低的表现吗？不喜欢、不想要、不合适……如果直接拒绝的话，岂不是让对方很没面子吗？其实不然，有话直说不是让你牙尖嘴利，戳别人的痛处，不给别人台阶下，而是让你直面问题，学会有效沟通。毕竟，我们谁也不是对方肚子里的蛔虫，无法准确领会对方真正的意思。

　　因此，有话直说，更像山谷凉风，冬日暖阳，于直白处显露高级的情商。

第 5 章

专注，让成功离我们越来越近

做事越专注，成功越容易

　　曾经有人向一位成功的企业家提问："您觉得成功的第一要素是什么？"

　　企业家说："专注力！成功并不在于你能做好每一件事，而是把一件事做好就可以了。时间是公平的，每人每天都有24小时，8小时用于睡眠，剩下的16小时用于做事。之所以有人会成功，是因为他们将时间主要用来做好一件事，而另外一些人则是将时间花在很多事情上。"

　　在我上大学的时候，班里有个很勤快的同学，他对什么都好奇，什么都想学。他的观点是技多不压身，多学点儿知识没坏处，这让同学们都觉得他特别厉害。毕业之后，当他找工作时却发现，虽然自己学得门类不少，但没有一样足以达到专业水准。后来，一家公司的面试官告诉他说："任何一家公司最需要的，都只是一个岗位上的优秀人才，而不是任何岗位都一知半解的人。"从那以后，他决定重新学习，深入研究 Java 技术。

六年过去了，他通过 Java 技术，顺利成为一家公司的高级主管。虽然与一些成功的企业家相比，他的成就算不上成功。但对于一个年轻人来说，这个成绩已经很不错了。

生活中永远不缺聪明人，缺的是能够坚持做好一件事的人。如果现在的你依然没有方向，那不妨专注做好眼前的事，然后持之以恒地做下去。我相信，只要你对这个领域足够专注，早晚有一天你会得到你想要的成就。

在实现人生目标的过程中，我们有时会被半路上旁枝末节的琐事分散精力、扰乱视线，以致中途驻足，甚至放弃自己最初的目标，走上另一条路。

《信仰的力量》的作者路易斯·宾斯托克说："人生乃是长期考验我们的毅力，唯有那些能够坚持不懈的人，才能得到最大的奖赏。一粒沙到了一定的地步就可以移山，也可以填海，更可以从芸芸众生中筛出成功的人。"

把放大镜放到太阳底下，然后将阳光聚焦到纸上，很快就可以将纸点燃，就是聚焦的力量。可是，如果你拿着纸不停地移来移去，摇摆不定，就永远也点燃不了纸。俗话说，"不忘初心，方得始终"。要想有所成就，就要专注自己最想要的，然后为之努力。

意大利著名男高音歌唱家帕瓦罗蒂毕业于一所师范学校，毕业后，他不知道是该选择自己喜欢的歌唱事业还是从事教育事业，于是便征求父亲的意见。父亲告诉他："如果你想同时坐在两把椅子上，结果只能是跌坐到两把椅子之间，所以，你应该坚定地选定一把椅子。"于是，帕瓦罗蒂选择了歌唱事业。

一开始，他的歌唱事业发展得并不好，经历了一次又一次失败，但他从未放弃，直到七年后，他终于有了一次正式登台演出的机会；又过了七年，他才得以进入大都会歌剧院演唱，继而让自己的人生大放异彩。

如果帕瓦罗蒂选择做教师，却又梦想着做歌唱家，很可能最后的结果是他既不是一个好教师，也成不了一位歌唱家。可见，对于每个渴望成功的人来说，都需要像帕瓦罗蒂那样果断地选定一把椅子。

帕瓦罗蒂用自己的亲身经历告诉我们，不管做什么，都要学会专注。把行动力用在主要目标和主要行动上，对于不必要的干扰，要学会果断放手。因为一个人即使再有才华和能力，一天也只有 24 小时，能同时完成的事情实在太有限，而成功者从不三心二意，并且善于分清主次、急缓。

有时候，你想样样精通，结果只能样样稀松。这个道理虽然简单却很精辟，相对于同时做几件事来说，如果聚精会神地只做一件事，成功的概率自然大大增加；如果东一榔头西一棒子，不能做到专一、专注、专心，就很难变得专业，以至于到最后无论哪个领域都只能是个二流角色，弄不好还会沦入末流。

专注是一种特别强大的力量，能把一个人的潜力发挥到极致。专注会让生命变得更有质感，并带来超高的效率。一旦学会专注，你会惊讶于过去耽搁了那么久时间却又举步维艰的窘境。如今运用专注带来的执行力就可以解决了，比我们所想的要简单得多，而收获和成就感却很大很大。

不断试错，才能走得更远

　　每个人都不希望犯错，犯错不仅会让人受到批评，心里感到难堪，而且还有可能承受失败的后果。可是，越是担心犯错，越有可能犯错。与此同时，这种因为担心犯错而唯唯诺诺的心理还会给年轻人带来一定压力，使其难以成长。其实大可不必如此紧张，试问谁没有犯过错呢？多少成功的企业家都是在不断的犯错中才总结出成功的秘诀，而且人本来就应该在年轻的时候，多多试错，勇于改正。只有敢于试错，才能为自己的未来打下良好的基础；只有不断试错，才能走得更远。

　　对美国前总统亚伯拉罕·林肯的人生经历有过了解的人，应该都知道，他的一生可谓曲折离奇。

　　1809 年，林肯出生于美国肯塔基州哈丁县一个贫苦的家庭；

1816 年，林肯全家迁至印第安纳州的西南部，为了维持一家人的生计，年仅 7 岁的他不得不出去工作，帮忙养家；

1818 年，年仅 36 岁的母亲因为操劳过度，因病去世，而当时的林肯只有 9 岁；

1831 年，因为想要赚钱，他选择了经商，结果却血本无归；

1832 年，参加竞选州议员落选；同年，失去了工作的他想要进修法学院被拒；

1833 年，为了重新振作起来，他向朋友借钱经商，但是很快又再次破产，而这一次的债务让他用 16 年才还清；

1834 年，第一次竞选州议员成功；

1835 年，正当他准备与心爱的未婚妻举行婚礼时，未婚妻却突然死亡；

1836 年，遭遇沉重打击的他，在病床上整整躺了 6 个月才振作起来；

1838 年，竞选州议员的发言人失败；

1840 年，竞选选举人失败；

1843 年，参加国会竞选失败；

1846 年，参选国会成功，且表现得非常优秀；

1848 年，竞选国会议员连任失败；

1849 年，申请调回自己老家工作失败；

1854 年，竞选参议员失败；

1856 年，获得副总统提名，但最后因得票不到 100 张而失败；

1858 年，再次竞选参议员失败；

1860 年，当选美国总统。

纵观林肯的一生，实在是喜忧参半，若不是他最终当上美国总统，就是用"悲惨至极"来形容也不过分。在一次会议上，林肯对自己的成就做出总结，他说："我一生只成功三次，但却失败过三十五次。而我的第三次成功，让我当选了美国的总统。而我之所以能够当上美国总统，并不是我运气好，而是因为我勇于不断试错，在错误面前，我没有选择逃避，而是选择面对。"

成功的人大都是表面光鲜，背后却伤痕累累。就像林肯一样，我们不能只羡慕他取得了伟大的成就，还应该学习他勇于试错却决不放弃的精神。"此路艰辛而泥泞，我一只脚滑了一下，另一只脚因而站不稳。但我缓口气，告诉自己：这不过是滑一跤，并不是死去而爬不起来。"在某次竞选失败之后，林肯说出了这样的话。我们不妨想想，如果不是在试错中成长的人，谁能说出这样坦荡的豪言？

但凡取得一定成绩的人，几乎都经历过试错的阶段。也正是一次次的试错，才让这些人得以成功。所以，不要害怕试错，试错本就是成长路上必将经历的事。但同样要记住，在试错的同时，要不断总结经验和教训。只有在试错中不断学习，才能真正发挥试错的价值。

有时候从挫折中得到的领悟，比一张哈佛大学的毕业证还实用。没有人从来不犯错，知道自己错在何处，知道症结所在，知道如何重新再来才是重要的。

收起那颗惧怕试错的心，拿起敢于试错的勇气，承担试错所带来的责任。只有这样，我们才能在试错中不断成长，越走越远。

知识在不断更新，你怎么能停止学习

小伟大学毕业那年，"PHP"（超文本预处理器）非常火。由于对 PHP 技术非常熟练，小伟顺利得到了一份高薪的程序员工作。看着同学们还在揣着简历四处奔波，小伟有点沾沾自喜，工作上难免有点松懈。

公司里有一位总监叫吴磊，很欣赏小伟的才华，不愿意看到一个有潜力的年轻人这么懒散下去。于是就趁和小伟一起吃工作餐的机会，随口问他："你觉得现在的你怎么样？"

"还不错吧，至少比我那些同学要强。"小伟自信地回答。

"那你觉得五年之后的你会怎么样呢？"吴磊边吃边说。

"那我肯定会比你强。"小伟有点儿不知天高地厚。

吴磊笑了："可我觉得，如果你一直这样下去的话，别说比我强，恐怕被淘汰也只是早晚的事。"

听到总监这样说自己，小伟没心情再吃饭了。

吴磊接着说道："我并不是说你的能力不行，而是你现在的能力只能用到现在，不能用到未来。当然，与你的同学相比，你现在确实算是不错的，但你能保证 PHP 一直热门下去吗？互联网的世界很大，社会更大。你现在所会的技能只是冰山一角，万一五年后，PHP 不火了，甚至是这个岗位被同化掉了，你还能做什么？"

真是一语点醒梦中人，小伟觉得自己背后传来阵阵寒意。他知道，总监说得一点儿都没错。这才多长时间啊，移动互联网时代来临了，微信营销时代来临了，全民自媒体时代也来临了。

自那以后，小伟在工作之余开始用心揣摩新鲜事物，在各大媒体平台注册了账号，发表一些行业知识，很快成为一个小有名气的自媒体人。

距离总监与他谈话的五年之后，小伟曾经从事的技术岗位，由于网站的改版早已没有用武之地，随之而来的后果就是公司的大规模裁员，他的老同事们纷纷怨声载道。而此时的小伟早已自立门户，根本不用再为自己以后的出路发愁了。

哈佛大学有一句名言："从来没有一个时代，像今天这样需要不断地、随时随地地、深入广泛地、快速高效地学习。"

有人诙谐地说，在即将来临的人工智能时代，我们不仅要跟人竞争，还要跟机器竞争，知识更新迭代的速度快到不敢想象。的确如此，可能你努力掌握的技能和知识，在两三年后，就会成为明日黄花。可即便早晚要被淘汰，还是要时刻保持知识的更新，因为社会在不断地发展，我们只有不停地学习全新的知识才能适应这个时代。

对于学习，很多人有一个错误的观念，认为学习仅仅发生在校园里。过去，一个人的知识结构有80%需要在学校构建，剩下的20%则根据工作的经验积累；如今却完全相反，学校学习到的知识只占20%，剩下的80%需要我们在漫长的一生中通过不断的学习和实践获得。

其实学习的真正含义有两层，第一层在校园阶段，它既是起点，也是为了让自己进入社会之后有充足的理论知识；第二层则在社会阶段，贯穿我们的有生之年。从来没有一个时代像今天这样需要终身快速、高效地学习，那种依靠在学校学到的知识就可以受用终身的时代，已经一去不复返！作为一个现代人，取得成功所必需的一种能力，就是学习力。然而，每个人的时间与精力毕竟是有限的，所以知道自己该学什么特别重要。一个有学习力的人，能够结合自己的资质、教育背景、能力、兴趣、人生目标来设定自己的学习目标。

不管身处哪个行业，持续成功的永远是内行！只有不断地学习与实践才能让外行变成内行，甚至是专家，除此以外，没有其他途径。

　　我一直坚定地认为，"终身学习"的理念非常值得推广，而且我也在不断地实践这个理念。学习可以让一个人的生活更充实，事业更成功，脚步更稳健，甚至能紧紧牵着时代的手，永葆青春。一个不断学习的人，他的眼界会更开阔，幸福指数也会更高。我们看到的各个领域的很多成功人士，都是"终身学习"理念的践行者。虽然不能说终生学习的人就一定成功，但至少成功者都善于持续学习！

想要无可替代，得有绝活在手

　　有人说，一个人的社会价值、社会地位和他的不可替代性成正比。简单来说，就是一个人在他的行业领域内，越是处于无可替代的位置，成就会越大，社会地位也就越高。相反，如果这个人所从事的工作岗位可有可无，或者任何人都可以取代，那么他很难做出什么显著的成绩。

　　作为刚刚走上社会的年轻人，固然很难在短时间内做到在行业内无可替代，但是我们可以先制定一个小目标，比如只需在所在的公司成为无可替代的人就好了。只要我们能够在一家公司的某个核心岗位上，做到比任何人都更胜任这个岗位，就可以算是一个优秀的人才了。

　　那么，如何才能让自己成为公司不可替代之人呢？唯一的解决办法，就是拥有一手绝活。打造这手绝活需要多方面的努力，比如：技能核心，现在是互联网社会，许多公司的命脉都掌握在高超的技术人员手上；良好的工作态度，员工之所以被辞退，往往不是因为能力不行，而是态度不好，俗话说"态度决定一切"，端正态度才能留下；情商高，沟通能力强，沟通能力是一种很重要的职场技能，那些为公司带来良好业绩的金牌销售人员，往往都是在服务客户与为公司创收之间能够做到游刃有余的人。

小林是一家公司的项目经理，但是给人的感觉他好像每天都没太多事做，所以在下属心里，小林是一个靠走关系才当上经理的人。有一天，公司的网络服务器突然宕机，不能上网了。就在全公司都束手无策的时候，小林打开服务器，敲了几段代码后，公司网站瞬间畅通无阻了。经过这件事以后，他手下的员工才意识到，原来小林并不是在公司混日子的，而是通过核心技术来为公司创造价值的。

像小林的下属之前的那种心态，在职场上再正常不过了。他们总是觉得自己的上司啥也不会、啥也不干，却拿着高薪，而自己累死累活，却得不到重视。可是人在职场，一定要明白一点：不要轻易看低任何人，有些人之所以能坐上高位，必然有你看不到的本领。

小文和小王在毕业之后进入同一家公司，公司为了考核他们的能力，给了他们三个月的试用期。虽然都是新人，但是小文和小王却有着截然不同的想法。小文心想：我要好好工作，不让别人小瞧自己，争取留下。小王却想：我一个名校毕业生，愿意来这家小公司上班，本身就是大材小用，他们还想要求多高？于是在接下来的工作中，两个人的心态也完全不同。小文为人处事既谦和又虚心，而小王却总是一副趾高气扬的样子，时不时就要吹嘘一番自己的名校文凭。结果显而易见，三个月之后，小文被留下了，而小王自然被辞退了。

无论是大企业还是小公司，要想真正得到历练的机会，态度端正太重要了。领导看不到你的虚心和配合度，怎么可能对你委以重任？

除了态度端正以外，要想快速修炼核心技能，还要学会有效沟通。对于现代人来说，没有良好的沟通能力就是一个人的致命弱点，其带来的负面影响可能会引发误解，可能会影响人际关系，甚至可能会使一个人丧失竞争力等。

而要想做到有效沟通，首先要在与人沟通之前有一个预判，也就是说这次沟通想达到一个什么目的。如果需要沟通的是特别重要的事情，最好提前做一些准备，把沟通的主题、方式及注意事项一一列出来。另外，还要预测可能遇到的争执和意外情况。

世上无难事，唯用心尔。只要肯用心，勤于动脑，态度端正，你终将成为那个无可替代之人。

再怎么砸门，也变不成窗：
　将精力用于发挥优势上

　　在美国政坛，有一个闪闪发光的名字：康多莉扎·赖斯，美国历史上第二位女国务卿。作为一名非裔女性，赖斯凭借自己的努力成了华盛顿"最有权力的女人"，她的经历有很多引人深思之处。

　　赖斯小时候的梦想并不是从政，而是成为钢琴家。16岁那年，她进入丹佛大学音乐学院学习钢琴。她本以为自己钢琴弹得不错，结果却在著名的阿斯本音乐节深受打击，因为别人比她弹得更好。"我碰到了一些11岁的孩子们，他们只看一眼就能演奏的曲子，我要练一年才能弹好。"她当时就想，"我想我不可能有在卡内基大厅演奏的那一天了。"于是她开始重新规划自己的未来，找到了自己的新目标——投身于政坛，经过一番努力，她取得了后来的成就。

钢琴家与国务卿相比，哪个更有价值？似乎没有什么可比性，但对赖斯本人来说，成为国务卿与成为钢琴家，哪个可能性更大，这个就很容易判断了。哪个更适合她，哪个就应该是赖斯的选择。

很多成功人士身上都具有这种深刻的自省力，他们不跟自己的短板死磕，勇于及时转变赛道，深耕更加适合自己的领域。

德国化学家奥托·瓦拉赫是诺贝尔化学奖获得者，但是化学专业并不是他最初的选择。上中学时，父母为瓦拉赫选择的是一条文学之路。不料读完一个学期，老师为他写下了这样的评语："瓦拉赫很用功，但过分拘泥，这样的人绝不可能在文学上有所成就。"

瓦拉赫看到评语，大哭了一场。父母看到老师的评价，让他放弃文学，为他选择了油画。可瓦拉赫的构图能力不强，又不会润色，对艺术的理解力也很差，所以成绩排名直接是倒数第一。这一次，老师的评语更是令人难堪："你是绘画艺术上的不可造就之才。"

面对这个如此"笨拙"的学生，很多老师都认为瓦拉赫成才无望。只有化学老师有不同看法，他认为瓦拉赫做事细心，又一丝不苟，具备做化学试验应有的素质，建议他改学化学。

这一次终于选对了，瓦拉赫智慧的火花一下子被点燃，学习成绩迅速在同学中遥遥领先，以致后来变成了化学方面"前程远大的高才生"。

在生活中，我们都懂得发挥自己优势的道理，但是如何对待自己的短板或者劣势，很多人存在两种误区：一是在发挥自己优势的同时，拼命弥补自己的劣势；二是在发挥自己的优势的同时，竭力克服自己的弱点。

其实，一个人应该将主要精力用在如何发挥自己的优势上，而不是整天忙着克服自己的劣势。一个人的劣势，就像物理学上的位置变化一样，是一个相对概念，即相对于不同的参照物而言的——从这个角度来说是缺点，但从另外一个角度来看，则很可能是优点，如同"垃圾是放错了位置的宝贝"。而且，每个人都受天分所限，花在弥补劣势、克服弱点上的时间和精力所产生的收益，要比发挥优势上的时间所产生的收益低得多。只有最大限度地发挥自己的优势，才能最大化地创造自身价值。对于缺点、劣势、弱点，应该想办法规避，而不是整日想着怎样克服和弥补。

赖斯和瓦拉赫的成功经历说明：一个人一旦找到适合自己的最佳领域，便有可能取得惊人的成绩。

当然，找到适合自己的领域并不容易，眼前看起来很好的位置未必就是最佳选择，只有不断深入挖掘自己的潜能，才能找到那条秘密通道，取得成功。而距离那个方向最近的，就是将精力用于发挥自己的优势上，只有认清自身所长，才能在人生的道路上找到适合自己的正确位置。

用简单的方法解决复杂的问题是一种智慧

英国一家报刊曾经举办了一个有奖征答活动。题目是一个热气球，因为动力不足，马上就要坠落了。热气球上坐着三位卓越科学家，他们在各自的领域都有非凡的贡献，并且关乎世界的兴亡。第一位是环保专家，他的研究可改善环境污染；第二位是核子专家，他的研究能够防止核战争；第三位是农学专家，他的研究能够使不毛之地变成鱼米之乡。热气球马上就会坠毁，解决方案只有一个：扔出去一个科学家，减轻载重，请问该将哪位科学家扔出去？

问题一经刊载，应答信件如雪片般飞来。每个人都想获得巨额奖金，都竭尽所能地阐述他们认为必须丢下哪位科学家的见解。最终，奖金被一个 9 岁的孩子获得了。孩子的答案是，将最胖的科学家扔下去。

　　在生活中，我们经常遇见难以解决的棘手问题，它们通常看起来很复杂，很难让人理清头绪，从而使人难以抉择。事实上，要解决这类问题，只需一个办法，即找到问题的本质。过于复杂的问题很容易将人困在漩涡中，使人丧失判断力，这时只有跳出来，看清问题的本质，才能找出解决问题的方法。

　　实际上有些事情本身并没有那么复杂，却被人们用惯性的思维模式变得复杂化了。做判断和选择时，越给事情附加太多的因素反而越令人迷茫。用复杂的方法解决复杂的问题是人们习惯性的做法，用复杂的方法解决简单的问题则是愚蠢的行为，而用简单的方法解决复杂的问题才是大智慧！

　　科学界流传着这样一个故事。据说当年美国宇航员一直为在太空的失重条件下，钢笔总是写不出字而苦恼。为了寻找一种合适的笔，美国航天总署号召很多科学家对此进行研究，要求必须找到一种不用注入墨水也能在真空环境下长期使用的笔，而且无论倒立、横卧都不能影响其使用效果。于是，科学家们用了好几年时间，花费了数千万美元，终于研制出了能在太空中写出字来的圆珠笔。

　　后来，美国人与俄罗斯人交流航天经验时谈到这个问题，问他们是怎么解决的。俄罗斯人说："试过铅笔了吗？"

　　也许这个故事只是嘲笑美国人过于迷信高科技，把简单的事情弄得很复杂，因此白白耗费了大量的人力和财力。但是从这个例子中不难发现，效能来自于简单。把事情化繁为简的关键，就是要学会抓住事物的主要矛盾。当我们让事情的逻辑保持简单的时候，工作和生活就会轻松得多。不幸的是，有些人总喜欢把简单的问题复杂化，致使问题越处理越多，从而陷入复杂的连环套。倘若需要在简单和复杂两种解决方案之间做出选择，很多人本能地偏向选择复杂方案，因为复杂的好像看起来更可靠。如果没有什么复杂的方法可以利用的话，有些人甚至会花时间去研究出一种复杂的解决方案，就像美国航天总署的做法一样。这也许听起来很荒唐，但现实生活中这种事并不少见。

人们面临的很多问题就出在把一切复杂化上，殊不知，与其拿出很多时间和精力去应对那些复杂的流程和环节，真不如删繁就简，将更多的精力花在研究隐藏在复杂背后的简单规律上。而且，一个人一旦学会简单的思维模式，再复杂的工作也可以完成得迅速快捷、游刃有余。

如果你已经感觉到自己正被复杂的生活拖累，现在就要认真思索如何简化生活了。罗马哲学家西加尼曾经说过："没有人能背着行李游到岸上。"在生活的旅途中，过多的负重会让你付出双倍的代价，甚至让你永远都无法实现自己的理想。

这个道理就像狐狸与刺猬之间的战争。狐狸在路上攻击刺猬，刺猬感觉到危险来临，立刻缩成一个圆球，用浑身的尖刺来保护自己。当狐狸正要向刺猬扑去，却看见指向四面八方的尖刺，无从下嘴，只好放弃。回到森林后，狐狸针对刺猬的防御，设计出无数复杂的攻击策略，可每次都以失败告终。

刺猬和狐狸之间的战斗每天以各种形式发生，却以同一种方式收尾。英国管理学家以赛亚·伯林从这则寓言中得到启发，把人分成两个基本类型：狐狸与刺猬。狐狸总是把世界当作复杂的整体来看待。因此以赛亚·伯林认为，狐狸的思维是凌乱或是扩散的，在很多层次上发展，却从来没有把它的思想集中为一个总体体系。而刺猬则恰恰相反，它把复杂的世界简化成单个有组织性的理论，把所有复杂的局面全都压缩成简单的整体行为。

普林斯顿大学的教授马文·布莱斯勒同样指出了刺猬的威力："想知道是什么把那些产生重大影响的人和其他那些跟他们同样聪明的人区别开来吗？是刺猬。"一些取得卓越成就的人，在某种程度上都是刺猬。他们以简单却有效的刺猬风格取得成功，令人敬佩。因此，面对纷扰，要想解决问题，就要明确地洞察事情的要点，删掉繁文缛节，然后果断利落地把它们简单化。

第 6 章

相信自己，是对自己最大的鼓励

"富二代"也有个曾是穷人的爹

　　大家应该听说过"富二代"这个词，它最初指的是一些凭借父辈的财富而过上富足生活的人。不知从什么时候开始，这个词逐渐变成了"不劳而获"的代名词。很多出身一般的人一说起"富二代"，一脸羡慕嫉妒恨，觉得他们一出生就能衣食无忧。但是回过头来，又不免对他们露出鄙夷的眼神，觉得他们也就是命好，真要让他们从基层做起，他们未必能有多出色。

　　现实生活中，的确不乏一些"富二代"整日游手好闲，不务正业，但努力上进的"富二代"同样很多。

　　就拿我的"富二代"朋友小豪来说，哪怕作为父亲公司的继承人，他在学习上也从不曾有过半点懈怠。

　　小豪的父亲自幼家境贫寒，很早就辍学了。当时摆在父亲面前有三条路：一是做红木生意；二是到福州帮人搞建筑；三是留在村里打鱼或是种地。看着自己一穷二白的家，父亲在心里暗暗发誓：我一定要改变自己的生活！就这样，父亲开始做起红木生意。

为了赚取差价，小豪父亲决定前往越南进货。可是初到越南的他，人生地不熟的，语言不通，经验不足，没少吃亏。有天他在市场选货的时候，一位美女热情地跟他打招呼："老板，老板，这里有上好的低价红木。"他稀里糊涂地就进去了，结果上了个大当。原来，他被别人下了套。当地有一种骗术是在门店看货的时候给你看表面崭新的上好木材，可等你付款装箱的时候就偷偷给你换成烂木头和假木头，等你拉回家发现受骗时，已经悔之晚矣，因为来回折腾不仅浪费时间、精力，还要再花费一笔额外的交涉费。所以很多人只能选择吃哑巴亏。

好在当地做红木生意的老乡比较多，大家相互关照，分工合作，父亲的生意逐渐打开了局面，客户越来越多。后来，随着互联网时代的到来，他们成立了网店，组建了网络销售团队，同时还在当地组建了红木商会，彻底垄断了当地的红木市场。就这样，历经几十年的风风雨雨，父亲终于凭借自己的能力打拼出一份像样的家族产业。由此，小豪才成了令人羡慕的"富二代"。

父亲有了自己的成就以后，开始加强对小豪的历练，从他上小学五年级开始，每逢寒暑假，父亲但凡出差必定会带上他，说是让他见见世面，了解一些课本上学不到的知识。所以，虽然他现在才 23 岁，但已经表现得足够成熟了。现在的他，正在父亲的公司做一名基层的销售员，并且做得还不错。这样努力认真的人，即便不是"富二代"，不是含着金汤匙出生，一辈子也不会碌碌无为吧？

不要总想着自己之所以混得不好，主要是没有一个有钱的爹。谁都不是一开始就富有的，都是经历了不少磨难才有了今天的成绩。与其埋怨自己时运不济，不如正视自己的命运，奋起直追。虽然我们可能没机会成为"富二代"，但我们可以通过自己的努力成为"富一代"。

有一天，我在网上看到一个故事，深受感动。

几个白人小孩正在公园里玩耍。这时，一位卖氢气球的老人走了过来。孩子们蜂拥而上，每人买了一个气球，兴高采烈地玩去了。当全部白人小孩散尽后，一个黑人小孩怯生生地走到老人身边，用恳求的语气问："您能卖给我一个气球吗？"

"当然可以，"老人看着他黑黑的脸庞，温和地说，"孩子，你想要什么颜色的？"

孩子鼓足勇气说："我要一个黑色的。"

老人惊诧地看了看这个黑人小孩，递给他一个黑色的气球。

孩子开心地接过来，小手一松，气球瞬间飞上了天空。

孩子的目光一直追逐着气球，老人用手轻轻地抚摸了一下他的脑袋，说："记住，气球能不能升起，不是因为它的颜色，而是因为气球内充满了氢气。"

成就与出身无关，与努力有关。收起那颗浮躁的心，多看看远方。如今这个时代，处处都是机会，只要我们摆正心态，在该努力的时候选择努力，该争取的时候选择争取，成功早晚会来。

辞职，除了勇气还需要什么

说起工作，每代人有每代人的作为。以前的大学生是包分配，喜不喜欢都得干；现在是双向选择，自己做主。随着社会的发展，很多人即使不去单位上班，在家里做一名自由职业者，也足以解决自己的温饱问题，甚至比上班族挣得还多。在这种情况下，很多年轻人在受到客户刁难、老板斥责的时候都会想撂挑子不干，整天累死累活的，挣钱少不说，还要被人指责、羞辱，图什么呀？

有段时间，网上特别流行一句话："世界那么大，我想去看看。"说是一位年轻教师写的辞职信，就是上面这句话。世界那么大，谁都想看看。压力大到受不了的时候，潇洒地对老板说一声："我不干了！"这种场景，光是想想就觉得很痛快！可是辞职，真有那么容易吗？

　　远方虽然有诗，但我们却活在当下。辞职可以，但不能盲目。如果一定要辞，别忘了对自己有个清楚的认知。

　　李伟是一名 90 后，大学毕业没两年，他已经接连换了五份工作，不是嫌工资低，就是对自己的工作环境不满意。做的时间最长的工作也没超过三个月，两年过去了，别说存钱，就连生活费都要靠家里接济才行。朋友们劝他别折腾了，好好找份工作，踏踏实实地干下去，总会有出头之日的。没想到李伟不仅不领情，反而反驳道："我这么有才，又毕业于名牌大学，凭什么要委屈自己啊！你们看看吧，我一定会找一份薪水高又轻松的工作，要不然就大材小用了。"就这样，一转眼五年过去了，李伟除了年龄不断增长之外，他的能力和收入与五年前毫无差别。他想不通，为什么有人辞职就能找到更好的工作，而他却不行呢？

　　通过李伟的经历我们不难看出，辞职除了勇气之外，还需要具备很多条件，其中最重要的一条就是自身是否有足够的实力跳槽。如果你连在原公司都无法做到出类拔萃，又怎么可能通过辞职找到更好的工作呢？或许现实生活中的确有运气好的人，但更多的人是如果在原来的公司干得不好，也很难在新的单位有很好的出路。

　　当然，通过辞职来求得进一步发展，实际生活中这样的人也不少。小蔡就是其中一位。刚毕业的时候，小蔡的表哥就对他说："千万不要急于求成，我们这一生能跳槽的机会不多。如果你给自己制订两年当主管、三年当总监、五年当董事长的计划，那你就大错特错了，那都是电视剧的情节。毕业前两年是打基础的时候，你最好不要跳槽，两年后可以试着跳槽一次看看。这个时候，你可以有两种选择：第一，追求岗位薪资的最高峰，但每个岗位的薪资都是有幅度的，不能脱离现实；第二，看看自己是否有足够的能力能够晋升为组长或者部门主管。如果能够达到这个目标，那么可以继续提升。毕业五年之后，你可以再次跳槽，选择晋升为项目主管的职位。如果公司待你足够好，也给了你晋升的空间，那就好好留下。如果没有，那可以跳槽。毕业八到十年之后，你可以计划当上总监。但记住，并不是做到总监，人生就到头了，此时你仍然可以选择辞职。而这个时候选择辞职，更多的就是自己创业，走向更高的层次了。"在听完表哥的告诫之后，小蔡稳定了自己那颗浮躁的心，将更多的时间用在学习行业知识上。就这样，小蔡一步一个脚印地走了下来，几年后真的当上了项目主管。虽然距离总监和自己创业还相差甚远，但如今不到 30 的小蔡，已经有了自己的车子和房子，并且正在一步步规划自己的未来。

可见，辞职就像行军打仗一样，一定要做好详细的部署和规划。常胜将军并不是因为这里不适应就换下一个地方，而是攻下这座城池之后才有了更远的目标。我们在职场上打拼也同样如此，不要因为目前的薪资低、待遇差就轻易选择辞职，而应该明白：我正年轻，需要学习的东西还很多。静下心来好好工作，在拥有足够能力的前提下，再提出辞职。

单靠勇气辞职是极不可取的，毕竟我们不是靠勇气吃饭，而是靠能力吃饭。只有具备辞职之后能够承担风险的能力，才是辞职的绝佳时机，不然一个搞不好，辞职就是扔掉饭碗，辞职就是失业。

我们最初可能是笑话，最后却成了神话

　　现在是一个男神、女神辈出的年代，那些名人、明星犹如神话故事中的人物一般，看上去光彩照人，实在让普通人可望而不可即。可是，你有没有想过，他们当中有多少人是从一出生就光环加身的？有多少人从一开始就站在高处，受世人仰望？曾经的他们，也和我们一样怀揣着梦想打拼，在没有成名、没有获得成功前，他们也曾被人质疑、被人嘲笑、被人打击。但最后，他们却通过努力活成了自己想要的样子，活成了被人羡慕的样子。

　　俗话说，"士别三日，当刮目相看"。从被人嘲笑到被人称赞，中间要熬过多少个春秋，没人可以预言，但熬过去你就会成为神话。

　　我的老乡老冀就是这么一个"神话"。

曾经的老冀在家乡人眼里就像一个笑话，人人都说他是二流子，一辈子难有大出息。小时候，老冀在学校组织的一次作文竞赛上，写了一篇名为《我要改变我的家乡》的作文，文中提到他梦想成为一名出色的演讲师，通过演讲来改变自己的命运。当时，不只有同学觉得他异想天开，就连老师也觉得不太靠谱："你不好好学习，将来自己都养不活，还想改变家乡，别做梦了。"

高考时，老冀报考了传媒大学，没想到却落榜了。他没有继续复读，而是背起行囊外出打工。没想到十年后，老冀真的成了一名出色的演讲师，并给村里投资了一百万，用于修建道路。原来那个调皮捣蛋的孩子，心中一直都有着坚定的梦想，并且一直朝着这个梦想在努力。

在一次演讲中，老冀说起了那段经历。

当年没考上大学的老冀，只身闯荡武汉。他原本以为自己的梦想轻而易举就能实现，结果却屡屡碰壁。为了生存，他开过小饭馆，做过报童，甚至是发传单的临时工，那段日子是老冀最难熬的日子，可即便如此，他依然没有忘记心中的梦想。

机会往往是留给有准备的人，他无意之中得到一个演讲的光盘，这让老冀心中的演讲梦再次被激发了出来。他开始尝试在公园、商场门口等地方通过演讲来卖书，但是他也知道，想要在武汉立足，仅靠在路边卖书肯定是不行的。思考再三之后，他决定开一家属于自己的书店。通过前两年的积累和积蓄，老冀的书店开张了。而为了更好地扩充书店的销量，老冀依然坚持演讲。这个时候，他遇到了改变自己一生命运的贵人。

张明是老冀的顾客，在书店听到他的演讲之后大为震惊。于是张明带着老冀听了别人的一次演讲课，并对他说："你的演讲口才一点儿都不比他差，你知道他一年赚多少钱吗？"

老冀摇摇头。

张明说："几百万是有的。"

老冀惊呆了，心想："我要是也成为一名培训讲师，是不是就可以实现我的梦想了呢？"

老冀决定关闭自己的书店，开始投身培训讲师的事业。从入行到真正登上属于自己的讲台，老冀用了两年时间。这两年对于老冀来说，既是一种历练，也是一种蜕变。后来随着自己的努力，老冀越做越好，成立了自己的培训公司。

活成一个神话，并不是说非得拥有上千万粉丝，星光熠熠，成为万人瞩目的明星或名人；也并不是一定要改变世界，只要能完成自己心中的梦想，就塑造了独属于自己的传奇人生。

如果你是一个有梦想的人，那么请坚定自己心中的梦想，哪怕那个梦想在他人眼里只是一个笑话。如果你不是一个有梦想的人，也不要随意嘲笑他人的梦想，虽然在当时可能只是一个笑话，但人的潜力是无穷的，某天这个笑话变成神话的时候，你会发现原来自己才是那个真正的笑话。

每个人都有成为神话的可能，不要胆怯，也不要轻言放弃。在我们正年轻的年纪，选择不断前行，终有那么一天，心中那个让人嘲笑的想法，将会变成让他人无比羡慕的神话。

人生无极限，有胆识才够味

1973 年，一个叫科莱特的英国男孩考入了哈佛大学，有一个 18 岁的美国男孩常和他坐在一起听课。在大学二年级那年，新编的教科书中解决了进位制路径转换的难题，于是美国男孩和科莱特商量："不如我们退学，一起去开发 32Bit 财务软件如何？"

科莱特觉得这个想法不可思议。他是来哈佛求学的，不是来胡闹的，再说他们对 Bit 系统只学了一点皮毛，而要开发 Bit 财务软件，不学完全部的大学课程是不可能的。于是，他果断拒绝了那位美国男孩的建议。

十年的时间过去了，科莱特成为哈佛大学计算机系 Bit 方面的博士生，而那位退学的美国男孩也在同一年进入美国《福布斯》杂志亿万富翁排行榜。

1992 年，科莱特成为博士后；那位美国男孩的个人资产达到 65 亿美元，仅次于"股神"巴菲特，成为美国第二大富豪。1995 年，科莱特认为自己已经储备了足够的知识，可以研究和开发 32Bit 财务软件了，而那个美国男孩早绕过 Bit，直接开发出了 ERP 财务软件，而这个软件比 Bit 系统先进 1 500 倍，并在 15 天内迅速占领了全球市场。凭借 ERP 财务软件稳定自己商业帝国的人，就是今天人所共知的比尔·盖茨。

众所周知，比尔·盖茨没读完大学就去创业了，我们在此不讨论这种做法正确与否，只说看问题的角度和把握时机的重要性。人们做事总喜欢事先做好充足准备，认为在万事俱备的情况下，成功的概率才大。这当然没错，但是任何事情如果等所有的条件都成熟才去行动，或许只能永远等下去了。

当机立断是一个人的能力与魄力的体现，如果你不能创造时机，就应该善于抓住那些已经出现的时机。换言之，一个人如果想要获得更高的成就和发展，就必须具备胆识，一种敢于放弃安逸生活，选择另外一种更值得追求的生活的魄力。遗憾的是，现在许多年轻人都没有这样的胆识。他们脑子里想要的太多，却无法靠自己的行动来获取。当有机会来临时，他们总是说"我不信，我不敢"，殊不知往往就是因为自己的"不信、不敢"而错失了机会。

有胆识的人往往做事果断，并且敢于下注。尤其是年轻人，在二十多岁的年龄，本来就没有什么，如果连胆识也没有，那就注定一辈子也不会有太大的成就。其实人这一生，被命运之神选中的机会非常少，一旦错过那就是一辈子的遗憾。所以，要想不让这些机会从自己的生命中流失，就需要牢牢地抓住这些机会。而抓住这些机会的必胜法宝就是胆识，对自己充满自信并且希望探索更多未知的未来。

一个胆识过人的人懂得机会来临时应该怎么办。机遇大门一旦打开，"立即行动"就是最好的办法。一旦养成了"立即行动"的习惯，基本上就掌握了人生进取的要义。另外，迈向成功的重要一步在于下定决心向着心中的目标进发，马上行动，绝不迟疑。

著名的演讲家罗伯·舒勒博士说过："空有理想，不付诸行动，梦想终归只是梦想，永远没有实现的可能。犹豫不决的人，常常迟迟不会行动。他们老是说'等一等，等我准备好时就一定开始。'但是准备又准备，却从未就绪，成功的人，往往一经决定，就立即行动，因为机不可失，时不我待，失去契机，将永远无法成功。"

过于保守和拖延是许多人常犯的毛病，有些人明明对未来有很大的目标，甚至连实施方案就已经做好了，但就是犹豫着不去执行。他们把行动的日子放在"明天"或"后天"，却任凭一个又一个"今天"哗哗地流过。他们宁愿憧憬着梦里丰收的果实，也不抓住此刻，立即开始播种。

　　人们裹足不前的原因来自于内心的恐惧。要想克服恐惧，必须毫不犹豫地马上行动，唯有如此，心中的惶惑方能得以平定。如果什么都不做，只是原地踏步，那样的确可以避开前路的危险或损失，但是同时也错过了机遇，避开了成功的光芒。

　　人并不是一生下来就拥有某种成就，更不是拥有过人的胆识。有人之所以对自己充满自信，并且拥有非凡的胆识，是因为在成长的过程中，每做成一件事就积累一份自信，慢慢地就拥有了胆识。那些做事不自信的人，或是在第一次失败之后选择放弃，或是在被人抨击的时候选择放弃，或是在被人质疑的时候选择更加怀疑自己。总之，他们始终没有胆识去追求自己想要的生活。

　　其实，你根本不必质疑自己的能力，你只是想得太多，做得太少，以至于总是缺乏那种面对选择果断出击的勇气。只要你努力跨出这一步，必将遇见更好的自己。与其在最该努力的年龄选择放弃，不如果断抓住身边的机遇，创造一个属于自己的未来。

热情是内心的光辉，让你无所畏惧

　　伊芙琳·格兰妮是世界上第一位女性打击乐独奏家，令人惊讶的是，她的耳朵根本听不见声音。

　　格兰妮出生在苏格兰东北部的一个农场，小时候的她非常热爱音乐，8 岁就开始学习钢琴。那时候她的耳朵是正常的，可随着她对音乐的热情与日俱增的同时，她的听力却在不断地下降，医生诊断说她大概会在 12 岁时彻底丧失听力。尽管如此，格兰妮对音乐的热爱并未因此而停止。

　　她的目标是成为打击乐独奏家，虽然当时世界上并没有这类音乐家，但并不妨碍她将此视为梦想。由于听不见，为了学习演奏，她尝试用各种不同的方法"聆听"声音。不管什么时候练习，她都只穿着长裤演奏，因为这样可以通过自己的身体和想象，感受每个音符的震动。

长大后，格兰妮向伦敦著名的皇家音乐学院提出了申请。这家学院以前从来没有收过听力有损的学生，所以一开始并不想接收她。但是，面试的时候，她凭着自己的演奏征服了所有的面试官，顺利入学了。毕业时，格兰妮荣获了该学院的最高荣誉奖。

格兰妮为打击乐独奏谱写和改编了很多乐章，而在当时几乎没有专为打击乐而谱写的乐谱，是她填补了这方面的空白。她以超凡的热情，执着地为实现梦想而奋斗着，终于成为一名真正的打击乐独奏家。

格兰妮说："从一开始我就决定，一定不要让其他人的观点阻挡我成为一名音乐家的热情。"

有人认为，从一个人对事业的热情程度就可看出他的未来能达到怎样的高度。这话不无道理。热情是一种内心的光辉，一种炙热的精神特质，如果将这种特质注入到奋斗之中，无论遇到什么样的困难，我们都将无所畏惧。

成功学大师斯图尔特·埃默里通过调查发现："伟大的目标不意味着是倾注你最大热情的目标，但一旦没有了情感的动力驱动，很容易遇到挫折、挑战就放弃了。没有热情，是无法让人专注、持续性学习的，而这却是全球化竞争下，最需要拥有的能力。现在的人可以打破疆界，从全世界各地来跟你抢工作，如果你对这件事无所谓，而另一个人却比你的热情多十倍，你怎么竞争得过他？"

因此，最容易成功的目标，应该来自你最有热情、能做得好并且愿意不断去学习的事情。离开了热情是无法进行伟大的创造的，没有热情也很难在事业上达到极致的程度；而有了热情，任何人都不可小觑。

乔布斯有一句名言："做我所爱。"我们要去寻找一个能给你的人生带来价值和让你感觉充实的事业。在闹钟响起的早上，你能不能利索地爬起来并且对一天的工作充满期待？如果不能，那么你就重新去找。

曲艺界有一句老话，"不疯魔，不成活"。疯狂地干自己最想干的事，投入百分百的热情，就像谈恋爱一样去工作，并乐在其中，这样的人常常能够在不知不觉中取得惊人的成就。

所以说，一个人只有热爱生活，才能为自己的事业倾注足够的热忱，才能在自己钟爱的领域取得杰出的成就。即使在人生最惨淡的时候，也要让生命充满活力。热情是人生最大的财富和力量，只要你肯给它适当的阳光和土壤，它就会让你的付出见到光明。

钢铁大王卡耐基的办公室里挂着一块牌子，上面写着这样一首诗歌：

"你有信仰就年轻 / 疑惑就年老 / 有自信就年轻 / 畏惧就年老 / 有希望就年轻 / 绝望就年老 / 岁月使你皮肤起皱 / 但是失去

了热情 / 就损伤了灵魂。"

　　这是对热情最好的赞词。

　　失去了热情，就损伤了灵魂。每一个追梦的人，都应该将这句话谨记在心里。

你可以舍弃任何东西，但不能舍弃原则

　　小唐是一名毕业两年的大学生，他在毕业一年后就开始年入百万，是身边同龄人争相羡慕的偶像。大家都认为小唐很成功，但是却不知道他到底是怎么成功的。

　　毕业之后，小唐进入一家网络公司做外推人员。有一天，他偶尔听到主管说："现在的互联网真的太乱了，动不动就诋毁我们公司，公司都快做不下去了。"这本来只是一句牢骚，小唐却听进了心里。随后小唐通过搜索某些关键词，果然发现许多诋毁公司的不实之言。当他联系这些网站的站长，请他们删除这些与事实根本就不相符的言论时，各家站长都明确地告诉他，要删除可以，但必须支付一定的费用。

　　小唐灵机一动，突然发现这是一个商机。他想：既然别人能发这种信息赚钱，为什么我不可以呢？可是，当他把心里的

想法告诉身边的朋友时，许多朋友一听说他想好的发家致富的道路是以诋毁他人牟利，就纷纷劝他放弃。有人说："做人要厚道，人家跟你无冤无仇，你为什么要诋毁人家呢？"也有人说："赚这种没有原则的'黑钱'，你的良心不会痛吗？"但是，也有人支持他说："只要不造谣就行，如果客户觉得我们平台上的言论有损他们的清誉，可以花钱请我们删除啊。有什么不对呢？"巧的是，表示认同的人中正好有一个是程序员，他对小唐说："你说的这些，我都可以做，你去打广告，咱们再找个合适的人，大家一起赚钱。"

就这样，两人一拍即合。方案商量得差不多之后，小唐一边忙着收集各种资讯，一边让那个程序员赶紧购买服务器，尽快把网站搭建起来。慢慢地，网站有了部分收录，可是光有收录、没有排名，那些公司根本不会在意，更不会付费来删除。于是小唐又花大价钱购买各种技术软件，希望自己的网站可以快速获得排名。通过技术手段改善之后，网站终于有了收入，但收入并不多。小唐再三分析之后，发现了问题所在，原来自己收录的信息每次都慢了一步，等他们把一切整理好，好的排名早就被别的网站占去了。可是，如何才能让自己的网站更快收录到信息呢？他去请教那些资深的搜索引擎优化人员，但是他们在知道小唐是通过诋毁他人获利的时候，都纷纷劝他收手。可此时的小唐，早已被利益冲昏了头脑，一心只想着赚钱。最后有位搜索引擎优化人员实在拗不过他，就对他说："想要获得好的排名，最好的办法就是原创。"这下，小唐像得到了秘籍一般，开始放弃自己当初创业的原则，改转载为原创。果不其然，随着他在网站上发布了越来越多的原创文章，小唐的钱包也越来越鼓。

随着网站越做越大，赚取的利润也越来越多，小唐的欲望也越来越大，他要做行业内的"No.1"。可就在这当口，警察找上门，以故意捏造并散布虚构的事实来诋毁他人人格、破坏他人名誉的罪名将他抓了起来。这时，小唐才意识到事情的严重性，但为时已晚。

一个人如果不能管理自己的贪欲，就会被欲望反噬。抵御贪欲的利器，就是不可动摇的原则。我们不能为了一些利益就轻易舍弃自己的原则，要知道利益是无尽的，而原则却是有底线的。

原则是心中的一杆秤。什么事该做，什么事不该做，要泾渭分明，容不得半点含糊。而这不能舍弃的原则，也正是激励我们不断前行的动力。

沉默不是金，爱拼才会赢

在鲁迅先生的诸多文学作品中，阿 Q 固然耐人寻味，但那个看起来沉默安分的闰土更引人深思。对这两个人物有所了解的人应该知道，相对而言，闰土比阿 Q 更可悲。虽然两人都很愚昧，但是阿 Q 稀里糊涂地看到了眼前世界的不公平，最终还是起来反抗了；而闰土却认为这个世界本就如此，他比阿 Q 还麻木，比阿 Q 还软弱。

之所以用这两个词汇评价闰土，不单单是因为他的性格足够软弱，还因为他总是沉默地自保。对很多人来说，趋利避害既是一种本能，也是一种相对安全的生存方式。故而，"沉默是金"这句话就变成了至理名言。

古今中外，因言罹祸的实例不胜枚举。古希腊著名哲学家苏格拉底是一个喜欢思考的人，他主张每个人都有思考的自由：

"世界上谁也无权命令别人信仰什么或者剥夺别人随心所欲地思考的权力。任何人都不能得出正确的结论，因此必须拥有讨论所有问题的充分自由。"古希腊的统治者以渎神和腐蚀青年罪将苏格拉底送上了被告席。在法庭上，法官提出，只要他肯放弃辩论就可以赦免他的罪行。苏格拉底说："只要我的良心和我那微弱的心声还在让我继续前进，我就会把通向理智的真正道路指给人们，绝不顾虑后果。"最后，苏格拉底被统治者判处死刑，成为历史上第一个为探索真理而牺牲的哲学家。

沉默不是金，爱拼才会赢。如今的社会，已经不再像老一辈生活的时代那样"沉默是金"了。

在日本著名指挥家小泽征尔身上，曾经发生了这样一件事。有一次他去欧洲参加一个指挥家大赛，要求每个参赛的指挥家都指挥同一支乐曲。小泽征尔的时候指挥到一半，忽然发现乐谱有一处错误，使得乐曲听上去不那么和谐。于是他停止指挥，指出了这个错误。可是在座的每个评委都说乐谱绝对正确，小泽征尔只好重新指挥，到了那个不和谐的地方，他再次停止，斩钉截铁地说："不，一定是乐谱错了！"话音刚落，全部评委都起来，鼓掌向他表示祝贺，并宣告他在大赛中夺魁。乐谱确实有一处错误，这是评委们精心设计的一个圈套。其实当时并不是只有小泽征尔一个人发现了错误，可是其他指挥家都没有勇气提出改正要求。只有小泽征尔一个人不惧权威，以严谨的艺术态度勇敢地指正，所以他是当之无愧的冠军。

可见，"沉默是金"并不是在任何时候、任何地方都行得通。在该说话、该表态的时候，沉默实际上是一种毫无原则的表现。这种圆滑而不负责的态度，不但生活中要不得，工作中同样不可取，如果你一味沉默，别人怎么知道你心里怎么想的呢？

信奉沉默是金的人，往往不是出于明哲保身，就是消极避世，或者是压根就没有敢出声、敢发言的勇气。事实上，沉默并没有给我们带来多少保护，我们的人生道路也并没有因此而变得多么平坦顺遂，恰恰相反的是，过多的沉默，让我们失去了更多的掌声，甚至还会招来别人的误解。

我有一个朋友，性格很温和，平时话也不多。有一天我们一起出去玩，在路上他突然接到一个电话，是他的上司在单位加班，打电话过来问一件事。我在旁边听到他一直在低声"嗯、嗯"，倒是上司的声音越来越大，语气越来越重，询问变成了责问，又变成了痛斥，连我坐在旁边，都能听到手机里传出的吼叫。

他被吼得直皱眉头，挂了电话，阴沉着脸，一点游玩的心情都没有了。

我问："出什么事了？"

他闷闷不乐地说："有个工作出了纰漏，但跟我没关系，不是我做的，是别人负责的项目。"

　　我愕然："你怎么不说呢？"

　　他说："你也知道我的性格，不愿意跟别人起冲突。"

　　我急了："这怎么叫起冲突呢？你只是据实说明情况而已，也好让你的上司赶紧找到负责人，别耽误工作呀！"

　　他沉默了一会儿，低声说："算了！"

　　我实在是哭笑不得。中国有句老话："话不说不知，木不钻不透，灯不点不亮。"该表态时就表态，该说话时就说话，大家都很忙的，你自己不明明白白地说，别人没有时间天天揣摩你的内心。

　　话不在多而在精，说就要说到点子上，有些关键的话语更是必须得说，这是我们的权利。

　　所以，别再迷恋"沉默是金"，也别藏着掖着，敢说才敢做，爱拼才会赢。

不要给自己的心灵上锁

曾在西点军校就读的美国在线前首席执行官詹姆斯·金姆塞曾经做过这样一个实验：把5只猴子关进一个坚固的铁笼，铁笼上面挂着一串香蕉。实验人员在香蕉旁边装了一个自动的洒水装置，把开关和香蕉连起来，其中一只猴子一旦碰到香蕉，马上就有强大的水柱喷出来，致使其他4只猴子全变成落汤猴。

在被水柱淋湿了5次之后，5只猴子达成一个共识：只要有一只猴子还不死心地想摘香蕉，就会连累其余的猴子，然后大家跟着一起倒霉。随后，实验人员逐一把猴子换掉。新猴子不知道其中的厉害关系，进入铁笼后马上去摘香蕉，结果其他4只老猴子立刻就把它暴打了一顿。然而新猴子并不甘心，过了一会儿又去打香蕉的主意，这次新猴子被打得头破血流，再也不敢去摘那串香蕉了，于是这群猴子再也没有尝到水淋之苦。

很快，又有一只新猴子进来了，换走了一只老猴子。新来的猴子看到香蕉，毫不犹豫地跳过去摘，结果与上次一样，其他 4 只猴子冲上去痛打它，曾经为此挨过打的那只猴子打得尤为卖力。

最后，每只老猴子都被换掉了，但还是没有一只猴子再敢去摘香蕉。新来的猴子都不知道什么原因，只知道想拿香蕉就会挨打。

由此可见，猴子与人一样，也会受习惯与传统的束缚。我们人类的智商，远远高于猴子，但被习惯和传统束缚的思维习惯，却一点儿都不比猴子少。生活中，有很多人做事缺乏创意，总是采用老方法，这样做对一时的影响确实不大，但是在这个快速发展的时代，长期受缚于习惯难免会落后于人，对个人成长也非常不利。

同是西点军校毕业生的企管作家杰克·米格就曾指出："我们所酷爱的许多产品，都是靠直觉、猜测和幻想做出来的。它们的发明人不但特立独行，甚至根本疯疯癫癫、胡言乱语。这是因为要创造全新的东西，的确需要全然不同的眼光。"

1899 年，爱因斯坦在瑞士苏黎世联邦工业大学就读，当时他的导师是数学家明可夫斯基。明可夫斯基很欣赏爱动脑筋、勤于思考的爱因斯坦，师生二人经常在一起长谈，探讨科学、哲学和人生。

有一天，爱因斯坦突发奇想，问了老师一个问题："一个人，比如我吧，究竟怎样才能在科学领域和人生道路上，留下自己的闪光足迹，做出奇迹般的杰出贡献呢？"

明可夫斯基一时被问住了。

三天后，就在爱因斯坦都想起不来这事的时候，明可夫斯基却突然急匆匆地找到他，兴奋地说："你那天提的问题，我终于有了答案！"

明可夫斯基带着爱因斯坦朝一处建筑工地走去，并径直踩到一块建筑工人刚刚铺平，还没有干透的水泥地面上，立刻留下了清晰的脚印。建筑工人们顿时一片怒斥，爱因斯坦感到莫名其妙，问明可夫斯基："老师，您这不是领我误入歧途吗？"

"说对了！"明可夫斯基极其认真地对爱因斯坦说，"看到了吧？只有这样的'歧途'，才能留下脚印！"

他又进一步解释说："只有新的领域或是尚未凝固的地方，才能留下深深的足迹。那些凝固很久的老地面上，那些被无数人涉足的地方，别想再踩出脚印来……"

我们都知道，在爱因斯坦科学研究的生涯中，一直有很强烈的创新和开拓意识。他大胆而果断地挑战了牛顿力学，并在物理学的三个未知领域里，全都取得了令人瞩目的成果。

由此可见，我们在事业中要有宝贵的创新精神。如何才能做到"创新"？那就要拥有打破常规的勇气和信心，走一条别人没有走过的路。只有这样，才能在你所在的领域中成为一个开拓的先行者。

　　美国有位很有名气的逃生魔术大师被邀请到一个小镇去表演。演出非常精彩，赢得了观众的阵阵掌声。演出结束以后，观众意犹未尽，极力邀请他返场，还给他出了一个题目，大师艺高胆大，欣然应允。

　　观众们抬出了一个铁皮做成的大箱子，箱子只有一扇门，在里面上了一把锁。箱子顶上有个圆洞，大小刚好够一个人进出。大师需要从上面的洞钻进去，然后打开锁，从箱子里出来。

　　这是一把很普通的锁，对于大师来说，开这种锁简直太简单了，他自信地微笑着钻进了箱子，准备给大家再呈现一段精彩的表演。大师先用了最常用的方法开锁，结果竟然没有打开。他马上又尝试另一种方法，但是这把锁似乎有点诡异，依然没有打开。大师只好静下心来，尝试着用一个又一个的方法开锁。

　　时间一分一秒地过去，很久之后，锁还是纹丝不动，大师感觉自己已经无计可施，连轻易不出手的绝招也用上了，还是不行。大师的手逐渐颤抖起来，急得满头大汗，他心想：难道我的一世英名，要在这个小镇上翻船吗？他绝望地双腿一伸，瘫坐在地上。

　　没想到，大师的脚刚好碰到了铁箱子的门，"吱"的一声，门竟然自动开了。原来箱子的门根本就没有上锁！观众跟他开了一个善意的玩笑。

没有上锁，自然也就无法开锁。魔术大师太执拗于"开锁"这个目的了，而忽略了自己的主要目的是"逃生"，并不一定非得"开锁"。这就是长期形成的思维定式带来的误导。他先入为主地以为，只要是锁，就一定是锁上的，因此，他的目标在不知不觉中被偷换了概念，从"逃生"变成了"开锁"。

在生活中，很多人心里何尝不是也藏着一把锁？有些障碍并没有想象中那么难以逾越，有些事情也没有想象中那么复杂，就像箱子上的那扇门，只要轻轻地一碰就会开了。有形之锁并不可怕，心里那把无形的锁才可怕得多，它能锁住一个人的创造力，桎梏一个人的心灵，扼杀一个人精彩的想象力。也正因为心上的这把锁，使得很多人墨守成规，不敢大胆创新，难以挑战自我，更不敢挑战权威。

纵观古今，任何成大业、做大事者无不具有一种打破常规的创造性思维，能够化劣势为优势。只有敢于摒弃传统和习惯的约束，敢于出格，才会先人一步，胜人一筹。

切苹果时，大多数人出于习惯都从苹果的蒂落处落刀，把它切成两半。如果换一种切法，把苹果横放在桌上拦腰切开，就会发现苹果里有一个精致的五角形图案。这不免令人感慨，吃了那么多年的苹果，我们却从来没发现苹果里面竟然还有这样一个美丽的小秘密。

如果一个人受习惯思维的束缚，得出来的结论可能会千篇一律；如果能够别出心裁，换一种方式做事或换个角度看问题，往往会发现新的风景，或者迎接新的契机。

第 7 章

承受多大的委屈，成就多大的人生

认清自己，远比认清世界更重要

　　"我要成为世界第一剑客，但我首先得保护好我的船长。"
这是电影《海贼王》中索隆对鹰眼说的一句话。当时路飞在顶
上战争中为了救自己的哥哥，而被赤犬打飞。最后不仅没有成
功救出艾斯，还让艾斯死在了自己面前，此时的路飞无论是身
体还是心理都遭受了巨大的打击。而身为第一个跟着路飞的人，
空有一句"成为世界第一剑客"的豪言壮语，最后却连自己的
船长都保护不了。此时的索隆才真正认清自己，原来相对世界
来说，自己是多么渺小。鹰眼在听了索隆的话之后，虽然刚开
始很失望，但后来他转念一想，或许索隆才是真正能够超越他
的人。两年之后，索隆为了能够更好地辅佐路飞，每场战斗几
乎都立于不败之地。

　　虽然这只是动漫，是尾田大神刻意为之，但是生活又何

尝不是这样呢？认清自己远比认清世界更重要。一个身高不足的人却偏偏想打职业篮球，一个"学渣"却想考取名牌大学，这本就有点异想天开。当然，没试过就让你放弃，你肯定很难甘心。所以，要想真正认清自己，必然要先经历、先尝试、先付出才行。就像索隆一样，如果不是登上了路飞的那条小船，别说实现心中的梦想，或许现在还在东海那个小山村过着赏金猎人的日子吧。

你适合做什么，不适合做什么，能做什么，不能做什么，该做什么，不该做什么，这些都需要经历之后才能知道。切莫在 20 出头的年纪，就过早地选择放弃，懒散度日，最后还加上一句自我安慰的话"我认清了我自己，我的命运就是这样的"。如果你现在只是 20 几岁，如果你还没有为了自己而努力付出过，如果你只是整天抱着幻想过日子，那你不是认清了自己，而只是自我逃避。

"我不适合开船，但我是一个很好的狙击手。"这句话是我身边一位 30 岁的技术部高管说的。30 岁成为企业高管，确实已经超越了很多人。可在此之前，他却经历过三次创业失败。每次创业都让他有一种兴奋感，可是随之而来的问题也越来越多。他还记得第三次创业失败之后，一位老板对他说："你确实很有才，而且能力很强，但你要知道，开公司不是能力强就行的，你不如来我公司做高管，负责我公司的技术部。"思考再三之后，他终于认清自己或许只是一个很好的技术型人才，却不是一个有足够能力的帅才，与其创业把自己搞得狼狈不堪，还不如找个好的平台发挥才华，说不定更适合自己。事实也的确如此。

这个社会每个人都能创业，但并不是每个人都能创业成功。人的性格、特点、能力以及兴趣爱好，都会影响一个人的发展。与其眼睛看着遥远的世界，不如看看眼前的自己。活在当下，远比活在梦里要有意义得多。我们不要过早地选择放弃，也不要偏执地坚持。在该努力的时候选择努力，在该坚持的时候选择坚持，当然也需要在该转身的时候选择转身。

年轻人不要轻易就说"我认清了自己"，因为认清自己真的是一个艰辛的过程。我们要尽最大努力去发挥自己的能力，开拓自己的眼界，增长自己的见识。只有对人生、对这个世界的认知水平达到一定高度的时候，才是真正认清自己的时候。

闭嘴：人生最好的修行莫过于此

有人说，我们用几年时间学会说话，却要用一生学会闭嘴。所谓"闭嘴"并不是什么话都不说，而是知道什么时候该说，什么时候不该说，什么话能说，什么话不能说。对于人生这种漫长的修行来说，学会闭嘴是迫在眉睫的一件事。

俗话说，"言多必失"。在说话的时候，我们一定要三思而后行，经过深思熟虑之后再说出来。虽然快人快语会让大家觉得你很好相处，但说者无心听者有意，有时候仅仅一句话或许就能毁了自己的一生。

就拿马路上最常见的追尾事件来说，明明保险公司能处理得很好的事情，两个司机非得破口大骂，甚至彼此拳脚相加，最终造成"打赢的进警察局，打输的进医院"的双输局面。其实谁都心疼自己的爱车，但管不住自己的嘴，反倒引发更大的麻烦。

在这个人人平等、人人都有话语权的时代，每个人都希望能够第一时间发出自己的观点。但相比及时发声，懂得适时闭嘴才更符合一个成年人的涵养和智慧。当然，学会闭嘴不仅仅是在现实生活中，在网络上我们也要学会闭嘴。近几年，网络暴力事件频发，网上的键盘侠也越来越多，很多人根本就不了解事情的真相，就习惯性地站在道德的制高点上去评价他人。这类人在生活中未必都是勇士，可一旦到了网上，他们就纷纷化身成正义的侠客，自己做不到，却非要他人做到。比如有人看到网上发起善款募捐，自己一分钱不捐，却忙着盯着各位名人、大佬有没有捐、捐多少。人家捐了，让人家晒捐款截图；人家一时没顾上处理，说人家冷血；人家捐少了，说人家抠门；人家捐多了，说人家沽名钓誉。总之，不管别人做什么，这类人都有理由抨击别人。可一旦你反问他们有没有捐的时候，他们不但不觉得惭愧，反而还会怼你："我没有钱，怎么捐？他那么有钱，当然应该捐啊。"

真是"我弱我有理，我衰我怕谁"！

无论任何时候，不要以为自己会说就是能言善辩，或许那只是蛮不讲理。很多人之所以一辈子都碌碌无为，就是因为他们管不住自己的嘴，将大量的时间都浪费在了说话上。而那些真正有成就的人，往往是在该发言的时候选择发言，该倾听的时候选择耐心倾听。

比起"说"来，很多成功人士更倾向于多"听"。这也是他们总结出来的成功经验之一。

乔·吉拉德是一位伟大的推销员，在美国被称为"汽车推销之王"。但是他也曾经有过一次失败的推销经历，给他留下了深刻的印象。

有一次，一位客户来买车，乔·吉拉德推荐了一款很好的车型给他。客户对车很满意，眼看就要成交了，却突然不买了，什么都没说就扬长而去。

乔·吉拉德郁闷了一天，明明是一次很成功的推销，失败的原因到底是什么？他百思不得其解。一直到很晚的时候，他按捺不住，索性给客户打了个电话："您好！我是乔·吉拉德，今天下午我向您推荐了一款新车，眼看您就要签字，却突然不想买了，这到底是为什么呢？"

"你真的想知道吗？"

"是的！"

"小伙子，实话实说吧，就在签字之前，我提到我的儿子即将进入密歇根大学学习，我还说了他的学科成绩、运动能力以及他将来的抱负，我以他为荣，但是你却毫无反应。你根本没有用心听我说话。"

原来乔·吉拉德失败的原因，是没有用心听客户讲话。俗话说，"会说的不如会听的"，在与人沟通的过程中，如果不能认真倾听别人的话，也就做不到"听话听音"，何谈巧妙地捕捉对方的反应和回答对方的问题呢？这是影响沟通效果的第一大障碍。

　　学会闭嘴、学会倾听是最实用的沟通技巧，懂得在什么时候该说、什么时候该听，不仅可以让你成为一个更有内涵、更受欢迎的人，也能让你更好地在这个社会上生存。

狮子为什么不与斑点狗计较

在一望无际的草原上，一只狮子带着自己的幼崽去猎食。经过一番努力，狮子父亲捕获了一匹斑马。忽然，不知从哪儿跑来一只斑点狗，并且发疯似的朝它们乱吠。狮子父亲见状，毫不犹豫地舍弃了自己的猎物，带着小狮子离开了。没有吃到食物的小狮子肚子早就饿得咕咕叫了，看着父亲捕获的食物就这样被一只斑点狗给抢走，心里满满都是怨气。它向父亲问道："爸爸，你平常都敢和老虎厮杀，和猎豹争雄，现在看到一只斑点狗就躲得远远的，你丢人不丢人啊？"

大狮子看着小狮子，耐心问道："孩子，我问你，你觉得爸爸打败刚才那只斑点狗值不值得骄傲？"

小狮子摇了摇头说："不值得。"

"那假如我刚才被那只斑点狗咬了一口，你说倒不倒霉？"

大狮子接着问。

"那肯定倒霉。"小狮子点点头。

"你明白我想表达的意思了吗？"大狮子看着天真的小狮子说道。

小狮子回答道："我明白了，爸爸。我们与刚才那只斑点狗不是一个层次的，打败它并不光彩，但是如果被它咬一口反而脏了自己。与其这样，倒不如选择离得远远的为好。"

"你说的没错，与一些无赖纠缠，胜了也不值得炫耀，虽然不至于败，但被咬一口也会让我们颜面尽失。"说完，大狮子带着小狮子向新的猎物奔去。

在生活中我们也一样，千万不要与一些"垃圾人"缠斗。有些人自带负能量，浑身上下充满戾气，一言不合就做出一些匪夷所思的事情，为了一点鸡毛蒜皮的小事，恨不得拿出全身的能量跟你斗。这样的人，一定要敬而远之。

网络上总是有这样一些人，经常为了一些小事就去谩骂和抨击别人，如果对方不回应，他们就会很得意，拿着自己怼人的截图在网上炫耀说：看到没，我多厉害，把他怼得没话说了吧？

小孟就是这样一个人。为了刷存在感，他经常会在网上恶意点评一些人和事。有一次，他怼了一个人，但那个人一点儿反应都没有。他就将这个事发到了某个贴吧，贴吧里的用户纷纷顶帖，说他干得漂亮。其中有人发言说："难道你不知道，对方不理你，并不是理亏，而是因为你还不配得到他的回复吗？"

这个人瞬间激起了众怒，大家纷纷对他开启怒喷模式。

小孟之所以如此生气，是因为那个人写了一篇文章，言辞犀利地揭露了一些人不努力、整天混日子的状况，刺痛了小孟的心。一篇文章就能让一个人如此动怒，可见这个人的心得多脆弱！

人与人之间的差距真的非常大，我们切莫和那些格局低下的人随意争吵，那样只会助长他们嚣张的气焰，还可能会伤了自己。

人与人的差距是怎么一点一点拉开的？随着所处环境的不同，遇到的人和事的不同，思考的深度不同，努力的程度不同，最终成为不一样的人。经历丰富，耐心思考，沉淀自己，虚心学习的人往往都会成为狮子一样的强者。而心浮气躁，做梦空想，混吃等死，颓废度日的人最终也只会成为让人可怜的斑点狗，并且还是那种动不动就狂吠乱叫的斑点狗。

如果你有一颗想要成为狮子的心，就不要轻易与斑点狗为伍。要想成为狮子一样的强者，需要我们无论从思想还是行动上，都要往高层次的方向发展，不急不躁，不骄不怒。经过时间的训练，我们的努力终会换来成果。

改变人生的是双手，而不是抱怨

　　有一个年轻的渔夫，划着小船到集市上去卖鱼。那天酷热难忍，返程的时候，渔夫在烈日下划着船，汗流浃背，苦不堪言。他心急火燎地划着小船，希望抓紧时间赶路，以便在天黑之前回到家。突然，前面有一艘小船顺流而下，迎面向自己的船快速驶来。眼看两艘船就要相撞，但那艘船却丝毫没有闪躲的意思，似乎故意想跟他的船撞上。"喂！让开，赶紧让开！"渔夫大声地向着那艘船吼，"再不让开就要撞上了！"但渔夫的警告完全不起作用，他只好手忙脚乱地把自己的小船调转方向，但为时已晚，两艘船还是重重地撞在了一起。渔夫气急败坏，厉声吼道："这个混蛋，难道是看不见吗？这么宽的河，偏偏要来撞我的船！"对面的小船还是无声无息，渔夫觉得有点儿不对劲，当他仔细审视那艘小船时，惊讶地发现，小船上竟然没有人。原来静静地听着他大呼小叫的，只是一艘顺水漂流的空船。

生活里也有很多类似的情况，当你发难、吼叫的时候，听众或许只是一艘空船。没完没了地抱怨，只会让自己的心情变糟，对事情的结果于事无补。

没有人会喜欢听别人的抱怨。抱怨就像用烟头烫破气球，让别人和自己都泄气。怨天尤人等于往自己的鞋子里倒水，使行路更艰难。

我们之所以喜欢环绕在乐观的人周围，是因为他们表现出来的超然和坚强令人欣赏。乐观的人，具备生活需要的信念、勇气和信心，他们在自己获益的同时，又感染着别人，就像冬日暖阳，令人感到舒适和温暖。和乐观的人在一起，会觉得困难不是生活的障碍，而是一种挑战。

相反，那些牢骚满腹的人，人缘都不会太好。毕竟谁都不愿意没完没了地当别人情绪的垃圾筒。抱怨不但不能解决问题，还会让人失去朋友，让生活变得更艰难无趣，于是抱怨的人变本加厉地继续抱怨。他们不知道，人生有许多简单的方法可以解决问题，适时缄默是其中的之一。

马云曾在《我的一生就是分享经历的失败和坚信的理想》的演讲中讲到："我发现那些总是乐观的人，他们总是看到更光明的未来，他们甚至不会抱怨。因为当人们抱怨的时候，他们正在失去机会，并且被抱怨遮挡了思想。所以，我从这其中学到了，机会何时出现？当世界充满了抱怨的人，那么这个世界处处都是机会。你可以解决人们抱怨的问题，那是个很好的机会。而且我发现我的很多高中、大学朋友，这些年我遇到他们，唯一发现的是，他们总是在抱怨。"

"你现在的生活也许不是你想要的，但绝对是你自找的。"几乎世界上所有的抱怨都可以用这句话来回答。

抱怨是会上瘾的。这种"瘾"其实是一种心理防御机制，是一些人把潜意识中对自己的失望用抱怨的方式呈现出来，以此来安慰和保护自己脆弱的自尊。如果想真正改变自己的生活和境况，可以靠自己的双手，而不是口舌。抱怨的人在抱怨之后，非但没有获得轻松感，心情反而变得更糟，就像怀里本来就抱着一堆石头，结果又增加了几块。

有的人爱抱怨是觉得自己受了委屈，受了不公平的待遇。要知道，一个人受不了委屈如何成事？越是有所成就的人，越是能经受得住大委屈。如果你能把这些委屈忍下来，不再抱怨，就意味着你成熟了，也意味着你就此拥有了能够成就一番事业的格局和胸怀。

多问问自己：我做得够不够好

公司要裁员，裁员名单中有行政部的阿丽和玲玲，规定写着：请所有离职人员一个月后正式办好离职手续。得到通知，两个人心里都很难受，尤其是阿丽，眼圈都红了。

第二天上班，阿丽心里不痛快，想到一个月后自己就要失业，心情很差，根本无心做事，一会儿找同事哭诉，一会儿打电话抱怨，把该干的工作全扔在一边，同事体谅她的心情，只好替她做。玲玲的心情也好不到哪儿去，可是失落归失落，毕竟还没离职呢，工作总不能不做，她默默地打开电脑，继续工作。同事们知道她要离职，都不好意思再麻烦她做事了。可她却大大方方地和大家打招呼，主动要帮忙，她说："就剩一个月了，以后想给你们干都没机会了。"于是，同事们又像从前一样请她帮忙。玲玲总是爽快地答应，麻利地做事，坚守她的岗位职责。一个月后，阿丽如期下岗，而裁员的名单中却没有了玲玲的名字，她被破例留了下来。主管当众宣布了老板的话："玲玲这样的员工，公司永远也不会嫌多！"

正是强烈的责任感给了玲玲留下的机会。当我们对自己的工作抱有一种责任感时，就能从中积累更多的经验、学到更多的东西，就能从全身心投入工作的过程中找到快乐。如果一个人在工作中养成一种敷衍的习惯，做起事来就会马虎潦草。工作是人们生活的一部分，潦草的工作终将造成潦草的生活。对工作不负责，不但使工作的效率降低，还会使人失去成长的机会。

我们做一项工作，就意味着担负一份责任。你的职位所规定的工作内容就是一份明确的责任。既然做了这份工作就应该承担这份责任，每个人都应该对自己的工作充满责任感。

责任感与责任不同。责任是指对任务的一种负责和承担，而责任感则是一个人对待任务的态度。责任的范围是可以规定的，但责任感是无价的。据说美国前总统杜鲁门的办公桌上摆着一个牌子，上面写着："责任到此，不能再拖（Book of stop here）。"

一个人责任感的强弱决定了他对待工作是尽心尽责还是敷衍了事，决定了他的人生态度是积极进取还是浑浑噩噩。如果在工作和生活中，对待每一件事都是"Book of stop here"，出现问题也绝不推脱，而是设法挽回，那么这个人必将获得一定的成就。

责任感能带来一种强大的精神力量，使人们有勇气排除万难，甚至能够让"不可能完成"的任务奇迹般的完成。而没有责任感的人，即使做自己擅长的工作，也会做得一塌糊涂。只有那些心怀强烈责任感的人，才有可能被赋予更多的使命，才有可能得到更多的机会。

有一次，通过朋友介绍，我花钱请一个小伙子帮我写一份文案。因为时间比较急，我开出了一个高价，希望能得到一份水准高一些的文案。临到截止日期的最后一个小时，小伙子把文案交给我了，我打开一看，头立刻大了。先不说文案写得好不好，他交上来的东西连最基础的格式都不对，错字连篇，语法错误也比比皆是。我很奇怪他怎么会交上一份这样潦草的东西，怀疑他是不是发错了文件，就打电话问他，小伙子满不在乎地说："我以前给客户做文案，都是至少要改三次以上的，我哪知道你要求一次性通过啊？"

我差点儿晕倒！

并不是说文案必须一次通过，不可以修改，而是做事怎么能从一开始就抱着"反正还要改很多次，我就随便做做"的心态呢？当你给别人呈现一份作品的时候，这份作品代表的就是你的水平，有可能直接影响别人对你的看法和评价，甚至关乎着你的尊严。而这份尊严，就是你的责任感。

一个没有责任感的人，能指望别人给你三次机会吗？第一次就被淘汰了。

有个通过替人割草来勤工俭学的男孩打电话给一位太太说："您需不需要割草工？"

太太说："我已经有了一个割草工。"

男孩说："我会帮您把草丛中的杂草拔得干干净净。"

太太说："我的割草工已经拔得很干净。"

男孩又说："我会帮您把草与过道的四周割齐。"

太太说："我请的割草工也这么做了，谢谢你，我不需要新的割草工。"

男孩只好挂了电话。

此时，男孩的同学在一边问他说："你不就是给这位太太割草的吗？为什么还要打这个电话？"

男孩说："我只是想知道我做得够不够好。"

多问问自己：我做得够不够好？这就是责任感。对待工作，是充满责任感，尽自己最大努力去做，还是敷衍了事随便交差？一个有责任感的人，无论做什么工作，都力求尽心尽责，不会图省事，更不会有丝毫的轻率和马虎。

列夫·托尔斯泰曾经说过："一个人若是没有热情，他将一事无成，而热情的基点正是责任心。"责任感犹如一座桥墩，可以支撑着千钧重的桥梁，并使自我的人格得以延伸。

　　高度的责任感是建立在对生活的勇气和热情的基础上的一种高尚的人格操守。生活是美好的，而创造美好生活的正是那些富有责任感的人！

有些锅，你不必背；有些委屈，你不必受

　　刷微博时，看到很有意思的一个问答："你有什么才华？""我是背锅侠。"看了很多回复，发现这样的"背锅侠"还不在少数，他们做着不属于自己责任范围内的工作，熬着帮别人"背锅"的夜。

　　这不禁让我想起曾经热播的电视剧《欢乐颂》里的关雎尔，关雎尔的同事生病了，拜托关雎尔帮她完成手头剩下的工作，结果因为同事做的前半部分出现错误，导致关雎尔被经理好一通骂，最后经理还让关雎尔写了一份书面检查。关雎尔给犯错的同事背了锅，但是同事知道后并没有出来帮她澄清。关雎尔非常委屈，下班后，一坐上邻居安迪的车就禁不住号啕大哭起来："好难受呀，我要违心地去承认错误，我毕业之后越来越多的事，都是违心的，可除了忍耐，我一点儿办法都没有，长

大好累啊，工作好累啊。"

初入职场的我们可能都有过同样的遭遇，因为不擅长拒绝别人，只能默默地接替别人的工作，然后又默默地"背锅"。

关雎尔很幸运，她有安迪这样一个职场经验丰富的精英朋友，所以在安迪的引导下，关雎尔反省了自己的不足，抛下了负面情绪，更加努力工作，最终获得了上司的认可。

生活中我们每个人都可能犯错，这是人之常情，但是犯错之后要及时去改正，这样才能不断地提升自己。而有些人犯了错不但不承认，还怪别人不帮助他。

有一天，一个学妹突然找我聊天，说她心理压力很大。听她这么说，我有点惊诧，因为我们之前并没有过多来往，好像也没有熟到可以交流心事的程度，但是碍于礼貌，我还是和她有一搭没一搭地聊着。聊到最后，她终于说明来意，说她想考一个编辑证，问该准备些什么资料，让我帮帮她。我那段时间刚好比较闲，看她说得那么可怜又无助，我就将自己的复习资料、笔记等重新整理了一遍后全部给她了，然后一边耐心地跟她谈我的考试经验，一边开导她，让她放轻松。考完试，她在朋友圈发了条指桑骂槐的动态，也不知道是故意没屏蔽我还是忘了，大概意思就是遇到事了才知道身边的人到底是好人还是坏人，让背的东西全没考到，没背的全考了，不知道安的什么心！人们常说"可怜之人必有可恨之处"并不是全无道理的！看到她发的那条朋友圈信息时，我简直气炸了，立马将她拉黑：别人好心帮了你，你没有一丁点儿感激也就算了，自己不好好复习，还倒打一耙地说不知道别人安的什么心，什么人呀！

你有没有想过，你所面临的困境或者窘境其中有一部分是自己应该承担的责任呢？出现问题，不第一时间反思自己哪里做得不够好，反而埋怨别人没有帮你或是帮的不到位，让别人替你的失败"背锅"，这种做法是不当的。

周末我和几个朋友聚在一起聊天，"前几天我又替同学背锅了"娜娜喝了口水，缓缓地说。她是文艺部部长，上周学校有个社团活动，在活动临开场前，主持人忽然因为肚子疼无法上台了。现场瞬间乱成一片，大家七嘴八舌地讨论方案，眼看着没有人愿意出来顶雷，娜娜就自告奋勇地上了。虽说活动是如期举行了，但由于娜娜是临时顶替，自然出了很多纰漏，结果总结会上被老师一顿狂批。原来的主持人虽然很同情她的遭遇，但是并没有为她做任何解释。我听完娜娜的诉说，替她愤愤不平道："老师怎么不了解清楚情况就胡乱批评人呢？你的搭档也是，明知道你是临时顶替上来的帮手，也不替你解释一下，就这样看着你被老师批评，他于心何忍啊！还有你，根本就什么都没准备，干吗要上去呢？"她笑了笑说："这种事情总要有人帮忙吧。"

无论你在哪里，干什么工作，都难免遇到让你"背锅"的人，有些人是自愿替别人"背锅"，有些人是像关雎尔那样因为不好意思拒绝别人而被迫替人"背锅"，但是不管哪一种，结果都是一样的，都是牺牲自己，保全他人。

你很善良，乐于帮助别人本没有错，可是你的善良必须有点锋芒，你的善良也要带点理智。不管是做事还是做人，我们都要有一定的原则，不能因为不好意思拒绝别人就甘愿当"背锅侠"。

当然，要对别人说出"不"这个字，对很多人来说都相当难为情。但是，面对自己不熟悉、不擅长的事，你适当地说出"不"，虽然有可能会让对方不高兴，但是却可以让你摆脱掉不少莫须有的麻烦。总是会有人不高兴的，为什么非要牺牲自己的心情去换取他人的轻松自在呢？

实际上，不管是职场还是生活，我们首先要学会的是沟通，尤其是现在很多公司都讲究团队制，当大家合力完成一个项目时，如果你不把自己的想法传递给大家，难免会在执行中造成误会，如此一来，浪费时间不说，还有可能让同事之间失和。遇到自己不懂或是不明白的地方，一定要说出来，多向有经验的前辈请教。

其次，要在心里给自己竖立说"不"的意识。在自己力所能及的情况下，可以帮助对方解决一些小问题，但是不要为了当"老好人"去接受别人无休止的要求，遇见自己搞不定或是不能接受的事情一定要勇敢地说出来，以免出现不必要的麻烦。

现在开始，你不妨学着说说下面的话：

"不好意思，我手头工作比较多，没有时间。"

"我很想帮你，可是我对这方面真的不太擅长。"

"不好意思，领导叫我先把这件事情做好。"

……

这些看似不重要，但只要你多说几次，基本上就可以让你和"背锅侠"挥手告别了。

不会拒绝，是对自己最大的消耗

　　拒绝别人，是我们这辈子绕不过去的坎儿。很多人觉得，即使要拒绝，也不要拒绝得太直接，以免给别人难堪。于是，就假意先答应别人，事到临头又推脱自己有事，实在走不开或是有心无力。可是你要知道，当你决定拒绝时，无论你编出多少理由，有多么迫不得已，结果都是一样的。做不了的事第一时间拒绝，是对别人最大的尊重，也是为自己保住颜面的最佳时机。

　　生活中，最常见的帮忙莫过于"借钱"，这件事如果处理不好，连朋友都可能没得做了。所以，面对自己力不能及的事，我们要大胆地说"不"，勇敢地说"不"。

　　有一天，一个朋友给我发了一条微信，说："能借我点钱吗？最近手头紧，拜托帮帮忙。"

我自己的收入也不高，手里也没有多余的存款，本想果断拒绝，但是拒绝的话刚打出来，又删了。我实在没法对"拜托帮帮忙"那几个字视若无睹，就回复他："需要多少？"

对方迅速回复过来："3000 元就好。"

我咬咬牙，通过微信给她转了过去。

看她很快收下收包，我给她发了条信息："尽快还我哦。"

对方回了一个大大的笑脸，外加亲亲的表情就没了下文。

过了几个月，我赶上一件事需要用钱，问朋友能否还钱，不知道她是没看见还是怎么回事，就是不回复。

什么人啊！就是没钱还也不用过河拆桥，借完钱就玩消失吧！

说实话，借钱的人难开口，要求还钱的人更难开口。当你好不容易鼓起勇气开口问对方："那个，之前你借的钱大概多久可以还给我呢？"

"抱歉，真的很抱歉，最近真的还不成。"

"好吧，你尽量。"

当你拖了一段时间再次询问对方是否可以还钱时，借钱的人依旧是推脱。

"实在不好意思，本来打算这几天就还你的，可是今天……"

"最近真是衰，做什么都不顺，你的钱啊，我是想还的，可确实拿不出来，你就再缓我两天吧。"

等你要钱要到自己都快崩溃时，对方差不多也快崩溃了："不就是借你一点钱嘛，至于天天跟催命一样的催吗？"

好了，你的仗义相助变得一文不值不说，还得罪了他。在我看来，这样的事发生在任何人身上，他自己都有不可推卸的责任。从一开始，你知道自己手里也不宽裕，就不应该打肿脸充胖子，如果当时果断拒绝，别人知道你爱莫能助，自然会去别的地方想办法。明明没实力，却还要逞强答应，表面上是帮别人排忧解难，结果最后却搞得连朋友之情也没了，岂不得不偿失？任何人在提出要求时，实际上心里都已经做好了被拒绝的准备。拒绝的理由只要充分，别人都是可以理解的。所以，不要害怕拒绝，只有不会拒绝才是对自己最大的消耗。

当然，拒绝并不是让你言辞犀利，尖酸刻薄，而是要你语气要温柔，态度要坚定。

我国唐朝时期有个很出名的神探叫狄仁杰，他年轻时长得很英俊。有一年，他进京赶考，走到半路突然下起了暴雨，就慌忙寻了间客栈住了下来。一切安排妥当之后，狄仁杰便拿起书准备挑灯夜读。

"笃笃笃"，突然有人敲门。

狄仁杰以为是哪位客人走错了房间，便把门打开了。谁知门外站着一个美丽的女子，女子怀里抱着一床被子，轻言细语地说："天气骤冷，怕客官染上风寒，耽误了行程，便给客官拿来被絮御寒。"

说罢，不等狄仁杰回应，便径自走进房间，朝他的床铺走去。孤男寡女同处一室，这让狄仁杰觉得非常局促。

可那女子仿佛全不在意，一边帮狄仁杰铺被子，一边说："我命薄，相公去年殒命了，就留我一个人守着这间客栈……"

说着说着，女子竟然伤心地哭了起来。原来她见狄仁杰相貌堂堂，便借送被子的理由向狄仁杰示好。

狄仁杰一时手足无措，静下心来想了想，如果自己直接拒绝她，万一惹她不高兴，大吵大闹起来，岂不难看？于是，他急中生智，正色说道："狄某只是一介书生，此行正欲考取功名。前几日途中偶遇一位高僧。他再三告诫狄某，此行必可高中金榜。但须谨记，千万不可贪色，否则前程尽毁。"

女子听了，黯然失色，识趣地离开了。

拒绝是一门棘手的艺术，经常被认为是一种不善的行为。但如果你能自己找一个合理的说辞或是真诚地表明缘由，一般都会得到对方的谅解。如此一来，既可以成功地拒绝别人，又能避免双方尴尬。而且，只有那些能够在适当时候勇于拒绝别人的人，生活才过得畅快惬意、潇洒自如。

因此，学会拒绝是对自己最大的尊重。而不会拒绝，是对自己最大的消耗。

第 8 章

未来还未曾来，而我们胸有成竹

别急着赶路，先找到方向

我们常说，"早起的鸟儿有虫吃"，天道酬勤，优秀的人都在努力，你凭什么不努力？可是，努力的人那么多，有人终其一生都没有过上自己想要的生活。就好像早起锻炼的人绝非科比一人，但却不是都能成为篮球巨星。

有些人还没有抬头选好路就开始急着赶路，然后还自以为很努力地说：既然选择了远方，便只顾风雨兼程。

然而，人生漫漫，努力固然重要，但更重要的是你先找到方向。若是连方向都没找好，就先忙着赶路，那只是在浪费时间。你的努力对你自己来说，或许的确是种安慰，甚至久而久之，你在别人眼中俨然已是"努力"的代名词。但是，如果努力只是用来感动自己，那将毫无意义，等于白白耗费了珍贵的光阴。

我的同事陈丽就是一个看起来很努力的人。公司组织员工竞赛，奖金丰厚，很多人都踊跃参与进来，陈丽也不例外。她每天天还没亮，就来到公司辛辛苦苦地搜集资料，撰写演讲稿。下班后也不急着走，而是继续留在公司加班，有好几次都是再不出去大楼都要关门了，她才依依不舍地关上电脑，离开公司。

刚开始的时候，很多同事以她为榜样，工作都很积极，毕竟有丰厚的奖金在那儿等着能者拿，谁也不愿意就这样轻易地拱手相让。然而，随着项目的难度越来越大，很多人坚持了一段时间觉得太吃力，慢慢也就放弃了。只有陈丽，一直勤勤恳恳地走在加班的第一线。

就在大家都以为最后的胜出者肯定是陈丽的时候，比赛那天她竟然突发急性脱水，根本没去参赛，之前辛辛苦苦加班熬夜做的作品也没展示出来。反倒是平时大大咧咧的真真，因为心理素质好，在临阵磨枪的时候，能够进入一种非常专注的状态，练习的效果非常好，而且比赛那天竟然超常发挥，最终以精彩的汇报，博得了在场所有人的认可，出人意料地赢得了比赛的冠军，还用那笔奖金请我们这群百思不得其解的"失败者"狠狠地搓了一顿火锅……

好多人不明白，努力的人怎么就没能一展风采？反倒是让那些临阵磨枪的人占尽了好运气，老天可真是不公平！

我们在为陈丽打抱不平的时候，也很好奇她到底是怎样"努力"的。于是，我们就跑去问她，她说："每天早上我来到公司，为了预热头脑一般先看一个小时的新闻八卦，不过往往一看就一发不可收拾，不知不觉，两三个小时过去了。等我坐得腰酸脖子疼，想站起来休息一下的时候才发现，时间已经快到中午，该吃午饭了。

"吃完午饭，再午休一会儿，差不多两点了，眼看着距离下班时间还有三四个小时，我想着先搜集一些素材吧，好不容易找到一些合适的图片还需要修图，大家也知道，修图是个需要极大耐心的活儿，而我的 PS 技术也差强人意，所以往往一张图片都要耗费我一下午时间。

"辛辛苦苦搞定一张图，转眼下班时间就到了。看你们忙着收拾东西，准备下班回家，我却开始点外卖，准备喂饱肚子接着干！不干不行啊，我一天就只做了一张图啊，这怎么能行呢！

"等你们陆陆续续都走光了，我的外卖差不多也到了，吃过晚饭我并不忙着干活，一想到等会儿自己还要打起精神熬夜加班，我想着给自己敷个面膜吧，顺便休息一下，就这样我一边敷面膜一边睡觉，等我睡醒差不多已到半夜了……"

听完陈丽"努力"的过程，所有人不禁哑然，一句安慰的话也说不出来。

别人在工作时间内高效地完成既定工作，而你却要将从容不迫的生活和娱乐全都混合进来，用生活的时间工作，用工作的时间生活，最后你还要抱怨工作的时间段里休息不好、生活的时间段里工作效率不高，哪里来的道理！

没有主次，没有方法，只有自我感动和自我消耗，这样的人真是可悲。他们看起来好像特别能吃苦，塑造着积极努力的形象，让人不忍多加苛责，实际上根本做不出成绩。

无效的努力像一潭深不可测的沼泽，将你慢慢吞噬——你的坚持，既没有像其他进取者一样获得令人瞩目的成就，也没有像普通人那样拥有闲散自在、心满意足的平凡人生，而只是原地踏步，缘木求鱼，终难得其所求。

年轻人胸怀大志，急于在人生的疆场上开疆拓土，有所建树，这是人之常情，但是在上路之前，一定要怀揣一个 GPS，明确自己的位置，知道下一步往哪儿走、怎么走，只有这样才能以最快的速度抵达目标。最忌讳的就是无效努力和低效勤奋，白白耗尽了青春活力，浪费了大把时间，最后连自己输在哪儿都不知道。

所以，别急着赶路，先找到方向再说。

只有简化生活，才能拥有简洁的人生

　　小张被办公室的同事们戏称为"脏郎"，之所以给他起这么个称呼，是因为他常常在加班的时候在办公室抽烟、吃泡面，把可乐瓶子扔得到处都是，以至于他的工位就像一个小型垃圾场。

　　突然有一天，老板心血来潮，说要强化公司的清洁度，号召所有员工大扫除，还亲临现场监督大家做得好不好。小张在打扫自己的办公区域时，办公桌上的复印机一挪开，下面立刻蹿出几只蟑螂，吓得他附近的几个女同事一片尖叫。

　　随后，有人从角落里扫出一个方便面纸盒，里面居然是几个月前的"残羹冷炙"。老板一看有人竟如此不讲卫生，顿时大发雷霆，问："这个是谁扔的？马上出来。"

　　一开始没人应声，后来终于有人小声说："是小张……"。

小张被老板勒令马上整理好办公桌，话音刚落，就见小张从键盘下面抽出一份带有公司印章的合同，但是上面已经印上了咖啡渍。

老板扔下一句"小张什么时候整理好自己的办公区域，什么时候下班"，然后铁青着脸走了。

根据美国一家调研所发布的关于职场人工作效率的调查报告显示，每年每个美国人都会花费大约 6 周的时间，在混乱的工作环境、乱放的文件中"找找找"。这意味着一年当中有 10% 的时间被寻找东西消耗掉了，而这种消耗没有任何意义。

因为办公桌太乱而找不到东西的人，在生活中屡见不鲜。老板站在面前，却发现需要他签字的文件不见了，或者为了找到需要的数据资料不得不让在电话那边的客户等上好几分钟。

很多人忽视周身环境的整洁，以为做大事当不拘小节，殊不知一个人对环境的打理反映了他的性格特点及精神状态，尤其是办公桌整洁与否，一是很实在地反映了你的职业形象，二是很直接地影响了你的工作效率。

有人以为办公桌凌乱一点儿可以显得自己很忙、很能干，实际上恰恰相反，不整洁的办公桌只会给人一种疲于应付的感觉。另外，凌乱的办公桌也从侧面反映了一个人的压力程度。一个疲于工作、压力很大的人是很难专注于自己的工作的。

所以，要想给人专业的形象，首先要让自己的办公桌保持整洁。

常用的工具、文件摆在随手可及的地方，用完一定要放回原处。一天的工作结束，把桌子整理干净，只留下明天早上要用的东西。不同工作需要的材料分别存档在不同的资料夹里，便于寻找。如果你的每样东西都整齐有序地放在该放的地方，你就能在需要的时候迅速找到它们，这能帮你节省不少时间。

除了工作资料以外，办公桌上还会有各种文具、数据线、充电器等，很多人会把这些东西混乱地堆在一个抽屉里，当想要找其中一个东西时，常常需要扒拉半天，让旁人听着都心烦。如果能够为每个抽屉贴上标签，文具类的抽屉放文具，电子类的抽屉放数据线、存储器等，效率将会大大提高。通过分类你会很容易找到自己要用的东西，也不会再为某个东西到底应该放在哪个抽屉而发愁了。

除了纸质的资料，我们往往还要接收很多来自网络的文件，这些数据和信息像洪水一样从四面八方涌来，等着我们处理。通常情况下，我们会随手将这些信息暂时保存起来，但等到真正要用的时候，却发现那些资料明明就在电脑里，却怎么也想不起来到底存放在硬盘的哪个区域了。

面对以上种种杂乱无章的状态，很容易给我们造成压力，甚至让我们产生焦虑情绪。那么，我们该如何简化自己的工作，避免出现这种情况呢？

实际上，管理硬盘里的文件跟管理纸质文件的方法差不多。我可以提供几个亲测有效的小技巧：

第一，及时删除没用的文件。电脑里没用的零碎文件越多，查找资料的时候越麻烦。有用的留下，没用的及时删除。

第二，给自己的文件和文件夹清晰分类并命名。收到文件及时归类，如此一来，找文件时就不必将所有资料都翻一遍了。

定期整理自己的桌子，拥有一个清爽的工作环境，摸索简单有效的关于文件归档整理的技巧，建立一套适合自己的文件归档系统，这些小改变会让你的工作变得更高效，也更有掌控感。

生活中若是堆满太多杂乱的东西和有太多的琐事需要自己去打理，生活就会变得越来越繁杂。如果能够做到简化生活，将没用的东西扔掉，将不必要的事情舍去，关注真正重要的事情，不但压力减少了，还可以专心去做自己想做的事情。长久下来你会发现，自己的时间变多了，生活变得简洁了，自己也不那么累了。

美国有位倡导简单生活的专家叫爱琳·詹姆丝，她曾经也是一个终日忙个不停的人。有一天，当她坐在自己的办公桌前，望着自己排得满满当当、写得密密麻麻的日程表时，她突然意识到自己的生活必须做出改变了。在她看来，每天用这么多乱七八糟的事情来扰乱自己清醒的大脑，塞满生活中的每一分钟，简直就是一种疯狂、愚蠢的生活。

　　于是，爱琳做出了一个决定：摒弃无谓的忙碌，简化自己的人生。她说："习惯驱使我们去做所有这些日常琐事。我们总是担心如果不去做，就会失去某些东西。其实，也许我们的确会失去什么东西，但是这没什么不好，我们还是好好地活着。还不仅仅是活着，而是活得更潇洒了，因为我们再也用不着试图去做所有的事情，看看那些对人类的艺术领域、音乐领域、科学领域做出过卓越贡献的人，如毕加索、莫扎特、爱因斯坦等，这些人都生活在极为简单的生活之中。他们全神贯注于自己的主要领域，挖掘内在的创造源泉，因此获得了丰富精彩的人生。"

　　爱琳给自己列了一个清单，把需要从她的生活中删除的事情一一罗列出来，没想到林林总总竟然一共有八十多项：注销几张信用卡，以减少每个月收到的账单函件；通过改变日常生活和工作习惯，使得房间和庭院变得更加整洁有序，等等。

　　如果我们每个人都像爱琳一样，静下心来仔细分析一下自己的生活，就会发现很多事都可以放下。从现在开始，摒弃那些多余的、占用自己大量时间和精力的事物吧，把这些时间和精力用在我们真正希望去做的事情上。

时间，就是每个人的成功入场券

　　美国著名的科学家和政治家本杰明·富兰克林曾做过版商，有一天，他的书店里来了一位买书的顾客，左挑右选，犹豫了将近一个小时，最后终于开口问店员："这本书多少钱？"

　　"1 美元。"

　　"1 美元？"顾客砍起价来，"能不能少一点？"

　　"先生，它的定价就是 1 美元。"店员回答。

　　这位顾客犹豫了，又低头看了看手里的书，然后问："富兰克林先生在店里吗？"

　　"他在后面的印刷室里忙着呢。"店员告诉顾客。

　　顾客缠了很久，坚持要见一下富兰克林。店员没有办法，只好将富兰克林叫了出来。

　　顾客问："富兰克林先生，这本书的最低价格可以是多少？"

"1.25 美元。"富兰克林瞟了一眼封面，迅速地回答他。

"怎么可能？店员刚才说是 1 美元！"顾客大大地惊讶了。

"没错！但是，我情愿给你 1 美元也不愿意被叫出印刷室，离开我的工作。"

顾客有点难堪，心想："算了，赶快结束这场尴尬的谈判吧！"于是，他再次问道："好，那您就尽快告诉我这本书最少要多少钱能买吧。"

"1.5 美元。"

"您刚才不是说 1.25 美元吗？怎么又涨价了？"

富兰克林冷冷地说："距离刚才，时间又过去了一些，1.5 美元是我现在能给你的最好价钱。"

顾客想了一下，把钱放在柜台上，默默地拿起书走了。

富兰克林给这位顾客上了终生难忘的一课——时间就是金钱。

"记住，时间就是金钱。假如说，一个每天能挣 10 先令的人玩了半天，或躺在沙发上消磨了半天，他以为他在娱乐上仅仅花了 6 便士而已。不对！他还失掉了他本可以挣得的 5 先令。……记住，金钱就其本性来说，决不是不能升值的。钱能生钱，而且它的子孙还会有更多的子孙。……谁杀死一头生仔的猪，那就是消减了它的一切后裔，以至它的子孙万代，如果谁毁掉了 5 先令的钱，那就是毁掉了它所能产生的一切，也就是说，毁掉了一座英镑之山。"

这是富兰克林的一段名言。它直白通俗地解释了这样一个道理：如果想成功，必须重视时间的价值。

据说在瑞士，新生儿一出生，服务人员就会立即在户籍卡中为孩子登记姓名、性别、出生时间及财产等诸多信息。有趣的是，瑞士的父母在为孩子填写拥有的财产一项时，写的都是"时间"二字。

确实，每个人拥有的最大财富就是时间。人的一生所得到的一切，无一不是从时间手中接过的。

在瑞典西部伐姆兰省的乡下，一个叫奥莱夫的男孩出生了，他的父母是贫穷的农民，家里最值钱的财产就是三只鹅。有一天，奥莱夫的一个有钱的表叔抱着自己的宝贝儿子讥笑奥莱夫的父母说："你们的儿子注定是看鹅的穷鬼！"奥莱夫的父亲很生气，不服气地反驳说："我们的奥莱夫是富翁，只须支付二十年时间，他就会雇你的儿子当马夫。"

果然，奥莱夫从小就很聪明、勤奋，上中学时，他就懂得时间是需要管理的，把自己的时间分配得十分精细，每一分钟都不浪费。有一次，他在作文里写道："奥莱夫将来一定是国家的栋梁！谁盗窃奥莱夫一分钟的时间，谁就是在盗窃瑞典！"

20岁的年龄，在正常的人生中，还很年轻，只能算刚刚开始。

但是 20 岁的奥莱夫已经研究出了一项重大发明，成为瑞典杰出的发明家。

　　作家沈从文说："生命就是一堆时间。"确实，人生就是一点一滴的时间的累积。而时间是构成生命的材料，既无法储存也不能透支，只能正常使用。

　　除此之外，时间还是上帝给每个人的成功入场券。很多成功人士的经验都证明，要想取得卓越的成就，必须学会怎样使用时间、怎样分配时间、怎样安排时间。众所周知，一个小时有六十分钟，但实际上是一个小时你能利用多少分钟，一个小时就有多少分钟。如果一个小时你只利用了二十分钟，那么对你来说，这一个小时也就只有二十分钟而已。人生最重要的任务，就是把组成生命的时间，一分一秒地支付到自己的人生目标上，对时间的掌控，就是对人生的掌控。

　　然而，人们往往重视健康，热衷于理财，却疏于时间管理。殊不知，时间本身就是每个人与生俱来的一笔巨大的财富。善用时间的人，用时间不断兑换着一笔笔有形或无形的财富，享受着时间的复利；浪费时间的人，就只能把自己最宝贵的财富一分一秒地挥霍掉，直到时间耗尽的那天才发现，自己白白在人世间走一遭，留下数不清的遗憾。

身处的圈子对了，可能方向就对了

从前有个卖草帽的小商人，每天走街串巷地卖帽子。有一天，他路过一片树林，刚好觉得有点儿累，就把帽子放在地上，坐在一棵大树下打起盹来。等他一觉醒来的时候，却发现放在地上的帽子一顶也没有了。他抬头一看，发现树上有很多猴子，而每只猴子的头上都戴着一顶草帽。

卖草帽的人急坏了，可又抓不住这些调皮的猴子，不知道该怎么拿回帽子。突然他灵机一动，想到猴子最喜欢模仿人的动作，于是赶紧把自己头上的帽子摘下来丢在地上。果然，猴子们也学他，纷纷将帽子扔在地上。卖草帽的人高高兴兴地捡起帽子回家去了。回家之后，他将这件有趣的事当作一个笑话，讲给他的小孙子听。

很多年以后，小孙子长大了，继承了家业。有一天，他也经过了爷爷以前经过的那片树林，也像爷爷一样在大树下睡了一觉，而帽子也同样被猴子们拿去了。孙子焦急中想到爷爷曾经告诉他的方法，也摘下自己的帽子扔在了地上。奇怪的是，猴子们不但没有模仿他，还直瞪着他笑得前仰后合。过了一会儿，猴王出现了，捡起地上的帽子说："还用这一招，你以为只有你有爷爷吗？"

对人生而言，经验往往是一笔不可多得的宝贵财富。它是前辈们用实践和智慧积累起来的，其价值无法用金钱衡量。有些年轻人看不起前辈的经验，认为它们都已经过时了。在这个有趣的故事里，卖草帽的爷爷的办法没有帮到自己的孙子，但猴子爷爷的经验却避免了它的儿孙再次上当。由此可见，有些经验对你不适用，但是对别人可能就是很好的前车之鉴。

美国有一位名叫阿瑟·华卡的著名银行家，他的成功很大程度上得益于他少年时的一次经历。有一天，华卡在杂志上读到大实业家威廉·B.亚斯达的故事后，非常崇拜他，不仅希望自己也能成为他那样的人，而且还梦想有一天能见到自己的偶像。幸运的是，后来华卡果然如愿以偿，见到了亚斯达。当华卡向亚斯达请教成功的秘诀时，亚斯达说："只要多结交比自己更优秀的人，就有成功的那一天。"此后，华卡一直实践着这一信条，在不到五年的时间里，就成为一名出色的银行家。

　　虚心向优秀的人学习，这是华卡取得事业成功的重要因素，也是值得我们每个人借鉴的地方。

　　一个人身处的圈子对了，努力的方向可能也就对了。向成功人士学习，复制他们行之有效的方法，等于直接或间接地向成功靠拢。因此，不管是工作中还是生活中，多结交一些优秀的人，他们不仅能成为我们的益友，还能成为我们的良师。

目标不断提升，人生才能精彩

　　有一个人很会钓鱼，每竿必有所获，故而被人称为"钓鱼高手"。但是每次钓鱼时，他若钓起了大鱼，总是把大鱼放回海里，只留下小鱼。一起钓鱼的朋友技术不佳，半天也钓不到两条鱼，当他看到这位钓鱼高手钓了那么多条大鱼都放生时，忍不住说："你要是不想要，把大鱼送给我吧！"

　　高手说："你怎么不早说，我已放掉很多条大鱼了！"

　　朋友百思不得其解，忍不住问高手为何要只留小鱼，放掉大鱼。

　　高手说："你到我家里看看就知道了。"

　　朋友非常好奇，跟着他回家，高手把朋友带到厨房里，指着自己的锅说："你看，我的锅只有这么大，太大的鱼无法完整地烹煮，所以只好放生了。"

朋友哈哈大笑。

这位钓鱼高手确实很可笑，然而在生活里，留下小鱼、丢掉大鱼的人大有人在。

从人生规划的角度来说，这位钓鱼高手不但算不上什么高手，甚至还很无脑。如果一个人认定自己的锅就只能这么大，既没办法换个方法烹饪鱼，也不会换个锅，那就永远无法突破现状，向上发展。

人生也一样，不去升级自己的格局，只能放弃到手的机会。你能走多远和你能达到什么样的高度，完全在于你是否制定了不断提升的目标。

英国有个叫斯尔曼的小伙子，童年时他有一条腿不幸患上慢性肌肉萎缩症，从而无法像正常人一样走路。但是他却凭着坚强的毅力，19 岁登上珠穆朗玛峰；21 岁登上阿尔卑斯山，22 岁登上乞力马扎罗山，28 岁之前他征服了世界上所有著名的高山……

然而，令人大感惋惜的是，他却在 28 岁那年的秋天自杀了。这样一个身残志坚、勇敢坚强的攀登者为什么会自杀呢？原来，在斯尔曼 11 岁时，他的父母在攀登乞力马扎罗山时遭遇雪崩，不幸双双遇难。父母留下的唯一遗愿，就是希望斯尔曼能替他们完成心愿，去攀登世界上有名的高山……

从那以后，父母的遗愿成为斯尔曼的人生目标，可当他把目标全都一个个实现时，却感到了前所未有的空虚，以至患上抑郁症，最终选择了自杀。他留下遗言说："这些年来，我作为一个残疾人创造了那么多征服世界著名高山的壮举，可那都是父母的遗嘱给我的一种生命的信念。如今，当我攀登了那些高山之后，我感到无事可做了……"

人生突然没有了目标，斯尔曼顿时感到自己失去了生命的意义。

潜能大师安东尼·罗宾说过这样一句名言："有什么样的目标，就有什么样的人生。"要想让自己的人生不断攀高，更加精彩，就需要根据不同的人生阶段，不断提升自己的目标，而不是到达一定的高度便不再努力了。

一般来说，目标分为两种：一种是人生的大目标，即你最终希望过上什么样的生活，成为什么样的人；二是中短期目标，即眼下你应该为自己的目标做些什么。

人生的大目标是人生的总纲，支持着一个人的大半生，甚至需要奋斗终身。一个人若是树立了明确而远大的目标，人生就会变得明朗，也就能够抵御成功之前的艰辛、寂寞和挫败。在大目标的前提下，在人生的不同阶段，我们要挑战不同的小目标，这便是人生的中短期目标规划。中短期目标一般都小而明确，比如：一年内考下某个证件，两年内娴熟掌握某些专业技能，三年内升职……当这些小目标一个接着一个不断实现的时候，你就会像爬山一样，一步比一步高，最终到达山顶。

人生目标的存在犹如一个纲领，指明了人一生前进的方向。中国有句古语："欲得其中，必求其上；欲得其上，必求上上。"随着个人条件的变化，确定了的目标也应该不断做出修正和更新。就像运动员一样，只有不断提升标准，不放弃对更高目标冲刺的豪情，才能打破一个个世界纪录。

人生亦是如此，一个人只有不断提升自己的目标，才能不停地挖掘自身潜能，才能对事业和生活充满激情，令自己梦想成真。

一步一个脚印，走出人生的蓝图

　　一位 63 岁的老人决定从纽约步行到佛罗里达的迈阿密。经过长途跋涉，老人克服了很多困难，终于到达了迈阿密。有人问这位年迈的老人："是什么力量让您徒步完成了旅程？"老人回答说："走一步路是不需要勇气的。我所做的就是这样。我先走了一步，接着走一步，然后再走一步，就这样，我到了这里。"

　　没有目标的人注定不能成功，但是有了远大目标却不善将其细化，这样的人也很难成功。很多时候，我们感到困难不可战胜，成功遥不可及，并不是我们能力不够，而是因为将目标定得太过宏大，导致自己还没开始尝试就先产生了畏惧心理。如果我们能够把目标拆解，将一个大目标分解成一个个容易实现的小目标，然后逐个攻破，也许就能避免产生苦求而不得的挫败感。也就是说，即使不能一下子达到最高目标，只要一步一个脚印，一定可以走出人生的蓝图。

在好莱坞，大导演斯蒂文·斯皮尔伯格堪称美国电影的奇迹，无论是商业片还是艺术片，在他的手中都能取得耀眼的票房成绩。

作为世界级著名的大导演，斯皮尔伯格从未上过专业的电影学校，并不是他不想上，而是因为成绩不好，被电影学校拒之门外。但是基于对电影的热爱，斯皮尔伯格从很小的时候就开始了拍电影的实践。13 岁那年，他用母亲送给父亲的生日礼物——一台 8 厘米摄影机，拍下了他人生的第一部影片：一部家庭郊游纪录片，并从观赏和剪辑的过程中，他体会到了身为一个电影导演的乐趣。在他 17 岁时，他偶然得到了一次去电影制片厂参观的机会，从那时开始他就在心里偷偷给自己立下目标：我一定要拍最好的电影！

为了这个目标，斯皮尔伯格开始了一系列的准备。他穿着西装，提着爸爸的公文包，里面装了一块三明治，再次来到制片厂。他装出一个成年人的模样，骗过警卫进入到制片厂里面，找到一辆废弃的手推车，用一堆塑胶字母，在车门上拼出"斯蒂文·斯皮尔伯格""导演"等字样。然后他利用整个暑假去认识一些导演、编剧等，从与别人的交谈、交流中学习、观察、思考，并以一个导演的生活来要求自己。20 岁那年，斯皮尔伯格成为正式的电影导演，开始了他的职业生涯。36 岁时，他已经成为世界上最成功的制片人。47 岁时，他凭借《辛德勒名单》获得了奥斯卡最佳导演奖。2018 年，斯皮尔伯格荣获"2018 帝国电影奖终身成就奖"。

如果将成功比作一座金字塔的话，那么到达终极目标的过程，俨然就是一个建造金字塔的艰难过程。巍峨雄伟的金字塔，也是一块块石头垒造出来的。这一块块的石头就是一个个被细化了的目标，没有它们，就不可能有举世闻名的金字塔。

古语有云："不积跬步，无以至千里；不积小流，无以至江海。"理想的实现，需要努力，更需要规划。只有细化目标，让自己有阶段性的成就感，才会让自己对未来更有信心。只要心中明白，每一个目标的实现都是为下一个更大的目标铺路，就能勇往直前而又踏踏实实地走向成功。